工业和信息化普通高等教育“十三五”规划教材
21世纪高等教育计算机规划教材

COMPUTER

# Access 数据库实践教程

Experiment for Access Database

姜书浩 李艳琴 王桂荣 编著

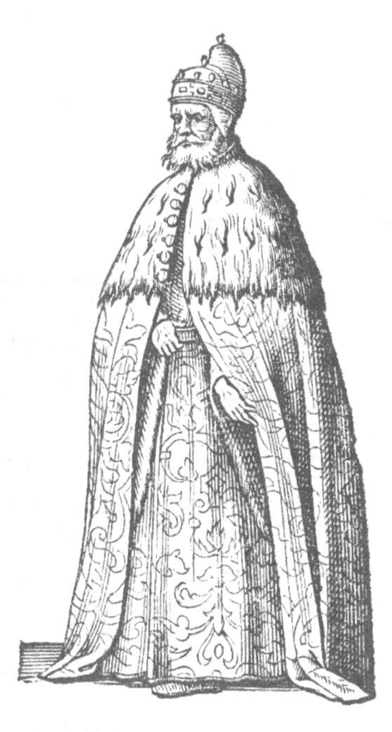

人民邮电出版社
北京

图书在版编目（CIP）数据

Access 数据库实践教程 / 姜书浩，李艳琴，王桂荣编著．-- 北京：人民邮电出版社，2018.1（2023.1重印）
21世纪高等教育计算机规划教材
ISBN 978-7-115-45846-9

Ⅰ．①A… Ⅱ．①姜… ②李… ③王… Ⅲ．①关系数据库系统－高等学校－教材 Ⅳ．①TP311.138

中国版本图书馆CIP数据核字(2017)第292458号

## 内 容 提 要

本书是《Access 数据库应用教程》的配套教材。全书分为上下两篇，上篇为实验指导，以主教材内容为导向，设计了13组实验，每个实验包括明确的实验目的和实验内容两部分，实验内容中给出了实验要求和详略得当的实验步骤，部分实验附有思考问题；基础和综合实验全部正确完成后，即可得到一个简单完整的数据库应用系统。下篇为习题集，根据主教材各章内容编写相应习题，并附有习题参考答案，供教师和学生参考使用。本书实验内容丰富、翔实、系统，注重强调上机实践操作的内容、方法和步骤；习题内容涵盖范围广，知识点运用灵活多样，有利于学生掌握和考核所学知识。

本书适用于"Access 数据库"课程的实践环节教学，也可以作为计算机等级考试的参考书。

◆ 编　　著　姜书浩　李艳琴　王桂荣
责任编辑　张孟玮
责任印制　陈　犇

◆ 人民邮电出版社出版发行　　北京市丰台区成寿寺路 11 号
邮编　100164　　电子邮件　315@ptpress.com.cn
网址　http://www.ptpress.com.cn
北京天宇星印刷厂印刷

◆ 开本：787×1092　1/16
印张：10　　2018 年 1 月第 1 版
字数：260 千字　　2023 年 1 月北京第 7 次印刷

定价：29.80 元

读者服务热线：(010)81055256　印装质量热线：(010)81055316
反盗版热线：(010)81055315
广告经营许可证：京东市监广登字 20170147 号

# 前　言

Microsoft Office Access 是由微软公司发布的关系数据库管理系统。它结合了 Microsoft Jet Database Engine 和图形用户界面两项特点，是 Microsoft Office 的系统程序之一。Access 是 Office 系列软件中用来专门管理数据库的应用软件。Access 应用程序是一种功能强大且使用方便的关系型数据库管理系统，一般也称关系型数据库管理软件。它可运行于各种 Microsoft Windows 系统环境中，它继承了 Windows 的特性，不仅易于使用，而且界面友好，如今在世界各地广泛流行。它并不需要数据库管理者具有专业的程序设计水平，任何非专业的用户都可以用它来创建功能强大的数据库管理系统。Microsoft Office Access 2010 是一个强大的、健壮的、成熟的 32 位和 64 位关系型数据库管理系统，它的首要任务是，通过一系列现有模板及 Office Online 上的更多模板生成应用程序，最大限度地利用 Access 2010 新的导航功能和选项卡文档来扩大基础用户群。该软件非常适合数据库初学者作为数据库入门学习的工具，也非常适合大学生作为计算机基础学习软件。

本书分为上下两篇，共设计了 13 组实验，每个实验的内容中给出了实验要求和详略得当的实验步骤，基础和综合实验全部正确完成后，即可得到一个简单完整的数据库应用系统。下篇为习题集，根据主教材各章内容编写相应习题，供教师和学生参考使用。本书上篇由姜书浩老师编写，下篇由姜书浩、李艳琴和王桂荣老师编写。本书在编写和出版过程中，得到了天津商业大学潘旭华老师、李军老师以及王昊超先生的大力帮助和指导，在此表示衷心的感谢！

在本书的编写过程中，参考了很多优秀的图书资料和网络资料，在此谨向所有作者表示由衷的敬意和感谢！

由于作者学识水平所限，书中难免存在疏漏与错误，恳请读者不吝赐教。

编　者

2017 年 7 月

# 目 录

## 上篇 实验指导



## 下篇 习题集

# 上篇

# 实验指导

学习 Access 数据库应用技术，上机实验是必不可少的关键环节。它对于将理论应用于实践，实现从书本到生活、从抽象到具体、从枯燥到趣味的转化，从而提高自己的实践技能，有着重要的意义。可以说，没有上机实验，要想真正学好 Access 数据库应用技术是不可能的。因此，除了听课和看书外，还要保证足够的上机实验时间。

本书后续的实验都是以其前面的实验为基础的，前后之间具有连贯性，所以在做完每次实验后应自行保存实验数据，以备下一次实验使用。

在开始实验之前，要准备好保存数据的介质，如 U 盘。在准备好的存储介质上，建立一个名为“学生管理”的文件夹，假设 U 盘盘符为 F，则文件夹所在位置为“F:\学生管理”。

实验 1　创建数据库
实验 2　创建数据表
实验 3　表记录的操作
实验 4　表间关系建立和数据的导出
实验 5　查询（一）
实验 6　查询（二）
实验 7　SQL
实验 8　窗体（一）
实验 9　窗体（二）
实验 10　报表
实验 11　宏
实验 12　VBA（一）
实验 13　VBA（二）

# 实验 1 创建数据库

## 实验目的

（1）熟悉 Access 基本操作环境。

（2）学会使用数据库向导创建 Access 数据库的方法。

（3）学会自行创建一个空数据库的方法。

## 实验内容

### 实验 1.1 建立学生管理数据库（xsgl.accdb）

**实验要求：** 创建一个空数据库，名称为“xsgl.accdb”，存放位置为“F:\上机实验”。

## 操作步骤

① 双击桌面上的 Access 快捷方式图标，或者执行“开始→所有程序→Microsoft Office→Microsoft Access 2010”，打开 Access 2010 的主窗口。

② 在 Access 2010 启动窗口中间窗格的上方，单击“空数据库”，在右侧窗格的“文件名”文本框中，给出一个默认的文件名 Database1.accdb。把它修改为“xsgl.accdb”。

③ 单击按钮，在打开的“文件新建数据库”对话框中，选择数据库的保存位置为“F:\ xsgl”文件夹中，单击“确定”按钮。

④ 返回到 Access 启动界面，显示将要创建的数据库的名称和保存位置，如果用户未提供文件扩展名，Access 将自动添加上。

⑤ 在右侧窗格下面，单击“创建”按钮。

⑥ 这时开始创建空白数据库，自动创建一个名称为“表 1”的数据表，并以“数据表视图”方式打开“表 1”。

⑦ 这时光标位于“添加新字段”列中的第一个空单元格中，现在就可以输入添加数据，或者从另一数据源粘贴数据。

## 实验 1.2　数据库的打开和关闭

**实验要求：**以独占方式打开“xsgl.accdb”数据库，再关闭数据库。

### 操作步骤

① 选择“文件→打开”，弹出“打开”对话框。

② 在“打开→查找范围”中选择“F:\上机实验”文件夹，在文件列表中选择“xsgl.accdb”，单击“打开”按钮右边的箭头，选择“以独占方式打开”，如图 1.1 所示。

③ 单击数据库窗口右上角的“关闭”按钮，或在 Access 2010 主窗口选择“文件→关闭数据库”菜单命令。

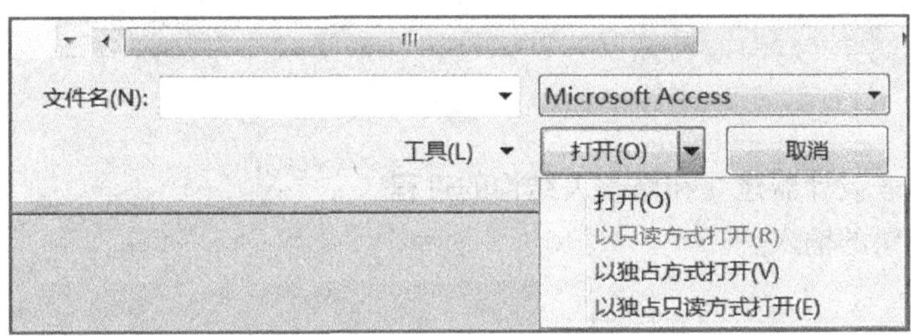


图 1.1　打开数据库

# 实验 2
# 创建数据表

## 实验目的

（1）掌握使用表设计器建立和修改表结构的过程。

（2）了解表记录的输入。

## 实验内容

### 实验 2.1　建立学生表结构

**实验要求：**在“xsgl.accdb”数据库中创建学生表，使用“设计视图”创建学生表的结构，表结构如表 2.1 所示。

表 2.1　“学生”表结构

| 字　段　名 | 类　型 | 宽　度 |
| --- | --- | --- |
| 学号 | 文本 | 8 |
| 姓名 | 文本 | 10 |
| 性别 | 文本 | 1 |
| 生日 | 日期/时间 | （默认值）8 |
| 党员否 | 是/否 | （默认值）1 |
| 入学成绩 | 数字 | 整型 |
| 班级编号 | 文本 | 8 |
| 兴趣爱好 | 文本 | 20 |
| 照片 | OLE 对象 | |

## 操作步骤

① 打开“xsgl.accdb”数据库，选择“创建→表格→表设计”按钮。

② 打开表的设计视图，按照表 2.1，在“字段名称”列输入字段名称，在“数据类型”列中选择相应的数据类型，在“常规”属性窗格中设置字段大小。

③ 单击“文件→保存”，弹出“另存为”对话框，在“表名称”文本框中输入“学生”，单击“确定”按钮。

④ 以“学生”为名称保存表，暂不输入数据记录。

## 实验 2.2　修改学生表结构（学生.accdb）

**实验要求：** 使用“设计视图”修改学生表的结构，将“生日”和“兴趣爱好”字段按照表 2.2 修改。

表 2.2　“学生”表（修改后）结构

| 字　段　名 | 类　型 | 宽　度 |
| --- | --- | --- |
| 学号 | 文本 | 8 |
| 姓名 | 文本 | 10 |
| 性别 | 文本 | 1 |
| 出生日期 | 日期/时间 | 8 |
| 党员否 | 是/否 | 1 |
| 入学成绩 | 数字 | 整型 |
| 班级编号 | 文本 | 8 |
| 兴趣爱好 | 备注 | |
| 照片 | OLE 对象 | |

**操作步骤**

① 打开“xsgl.accdb”数据库，在左侧导航窗格中的表对象列，用鼠标右键单击“学生”，选择“设计视图”命令，打开学生表的设计视图。还可以在已打开表的数据视图的情况下，单击状态栏右侧的“设计视图”按钮，切换至设计视图。

② 将光标移至“生日”字段，修改字段名称为“出生日期”。

③ 将光标移至“兴趣爱好”字段，修改字段数据类型为“备注”。

④ 单击“保存”按钮。

## 实验 2.3　创建其余数据表

**实验要求：** 使用“设计视图”依次创建班级表、成绩表、课程表、授课表，表结构分别如表 2.3～表 2.6 所示。

表 2.3　“班级”表结构

| 字　段　名 | 类　型 | 宽　度 |
| --- | --- | --- |
| 班级编号 | 文本 | 8 |
| 班级名称 | 文本 | 8 |
| 人数 | 数字 | 整型 |
| 班主任 | 文本 | 8 |

表 2.4　　　　　　　　　　　　　“成绩”表结构

| 字　段　名 | 类　型 | 宽　度 |
| --- | --- | --- |
| 学号 | 文本 | 8 |
| 课程编号 | 文本 | 8 |
| 分数 | 数字 | 整型 |

表 2.5　　　　　　　　　　　　　“课程”表结构

| 字　段　名 | 类　型 | 宽　度 |
| --- | --- | --- |
| 课程编号 | 文本 | 8 |
| 课程名称 | 文本 | 8 |
| 课程类别 | 文本 | 4 |
| 学分 | 数字 | 整型 |

表 2.6　　　　　　　　　　　　　“授课”表结构

| 字　段　名 | 类　型 | 宽　度 |
| --- | --- | --- |
| 课程编号 | 文本 | 8 |
| 班级编号 | 文本 | 8 |
| 教师编号 | 文本 | 5 |
| 学年 | 文本 | 12 |
| 学期 | 文本 | 4 |
| 学时 | 文本 | 4 |

参考实验 2.1 完成。

## 实验 2.4　字段属性的设置

**实验要求：**

① 将学生表的“性别”字段默认值设为“男”，索引设置为“有（有重复）”。

② 将“出生日期”字段的“格式”设置为“短日期”。

③ 将“班级编号”字段显示的“标题”设置为“班级”，定义班级编号的输入掩码属性，要求只能输入 8 位数字。

④ 设置“入学成绩”字段，取值范围为 500～600，如超出范围则提示“请输入 500—600 之间的数据！”。

操作步骤

① 打开“xsgl.accdb”，双击学生表，打开学生表的数据表视图，选择“开始”选项卡“视图”进行“设计视图”操作。

② 选中“性别”字段行，在“默认值”属性框中输入“男”，在“索引”下拉列表框中选择“有(有重复)”。

③ 选中“出生日期”字段行，在“格式”下拉列表框中选择“短日期”格式。

④ 选中“班级编号”字段名称，在“标题”属性框中输入“班级”，在“输入掩码”属性框中输入 00000000（8 个 0）。

⑤ 选中“入学成绩”字段行，在“有效性规则”属性框中输入“>=500 And <=600”，在“有效性文本”属性框中输入文字“请输入 500—600 之间的数据!”，如图 2.1 所示。

常规　查阅

| 字段大小 | 整型 |
|---|---|
| 格式 | |
| 小数位数 | 自动 |
| 输入掩码 | |
| 标题 | |
| 默认值 | |
| 有效性规则 | >=500 And <=600 |
| 有效性文本 | 请输入500—600之间的数据！ |
| 必需 | 否 |
| 索引 | 无 |
| 智能标记 | |
| 文本对齐 | 常规 |

图 2.1　有效性规则

## 实验 2.5　设置主键

**实验要求：**

① 将学生表中的“学号”设置为主键。

② 将班级表中的“班级编号”设置为主键。

③ 将课程表中的“课程编号”设置为主键。

④ 将成绩表中的“学号”和“课程编号”设置为主键。

⑤ 将授课表中的“课程编号”“班级编号”和“教师编号”设置为主键。

### 操作步骤

① 使用“设计视图”打开学生表，选择“学号”字段名称，在“表格工具→设计→工具”组中单击“主键”按钮。学生表设置结果如图 2.2 所示。

学生

| 字段名称 | 数据类型 | 说明 |
|---|---|---|
| 学号 | 文本 | |
| 姓名 | 文本 | |
| 性别 | 文本 | |
| 出生日期 | 日期/时间 | |
| 党员否 | 是/否 | |
| 兴趣爱好 | 备注 | |
| 班级编号 | 文本 | |
| 照片 | OLE 对象 | |
| 入学成绩 | 数字 | |

图 2.2　学生表设置结果

② 使用“设计视图”打开班级表，选择“班级编号”字段名称，在“表格工具→设计→工具”组中单击“主键”按钮。

③ 使用“设计视图”打开课程表，选择“课程编号”字段名称，在“表格工具→设计→工具”组中单击“主键”按钮。

④ 打开成绩表的“设计视图”，选中“学号”字段行，按住 Ctrl 键，选中“课程编号”字段行，单击工具栏中的“主键”按钮。

⑤ 打开授课表的“设计视图”，选中“教师编号”字段行，按住 Ctrl 键，分别选中“课程编号”和“班级编号”字段行，单击工具栏中的“主键”按钮。

# 实验3 表记录的操作

（1）熟练掌握表记录的输入、追加和替换。
（2）熟练掌握表记录数据的浏览和编辑修改。
（3）掌握对表中数据的排序方法。
（4）掌握对表中数据的筛选方法。

## 实验3.1　给学生表输入记录

**实验要求：**在表编辑窗口或浏览窗口中输入记录，表记录如表3.1所示。

表3.1　“学生”表记录

| 学号 | 姓名 | 性别 | 出生日期 | 党员否 | 入学成绩 | 班级编号 | 兴趣爱好 | 照片 |
|---|---|---|---|---|---|---|---|---|
| 20180001 | 王娜 | 女 | 1999/10/10 | F | 521 | 2018002 | 游泳，旅游 | （略） |
| 20180010 | 李政新 | 男 | 1999/3/8 | F | 505 | 2018001 | 游泳，摄影 | （略） |
| 20180111 | 杨龙 | 男 | 1999/5/20 | T | 532 | 2018006 | 看书，唱歌 | （略） |
| 20180135 | 李进 | 女 | 1999/11/11 | F | 511 | 2018002 | 游泳，电影 | （略） |
| 20181445 | 王玉 | 女 | 2000/5/27 | F | 510 | 2018003 | 电影，体育 | （略） |
| 20182278 | 许阳 | 男 | 2000/1/9 | F | 545 | 2018006 | 摄影，看书，唱歌 | （略） |
| 20183228 | 陈志达 | 男 | 1998/12/10 | F | 524 | 2018001 | 游泳，体育 | （略） |
| 20183245 | 吴元元 | 女 | 2000/1/10 | T | 509 | 2018006 | 摄影，旅游 | （略） |
| 20183500 | 王一凡 | 男 | 1998/12/12 | F | 527 | 2018003 | 电影，体育，看书 | （略） |
| 20184321 | 李丹 | 女 | 1998/8/8 | F | 531 | 2018002 | 电影，体育，旅游 | （略） |

操作步骤

① 打开“xsgl.accdb”，在“导航窗格”中选中学生表并双击，打开学生表的数据表视图。
② 从第1个空记录的第1个字段开始分别输入“学号”“姓名”和“性别”等字段的值，每

输入完一个字段值，按 Enter 键或者按 Tab 键转至下一个字段。

③ 输入“照片”时，将鼠标指针指向该记录的“照片”字段列，单击鼠标右键，在快捷菜单中选择“插入对象”命令，选择“由文件创建”选项，单击“浏览”按钮，打开“浏览”对话框，在“查找范围”栏中找到存储图片的文件夹，在列表中找到并选中所需的图片文件，单击“确定”按钮。

④ 输入完一条记录后，按 Enter 键或者按 Tab 键转至下一条记录，继续输入下一条记录。

⑤ 输入完全部记录后，单击快速工具栏上的“保存”按钮，保存表中的数据。

## 实验 3.2　在班级表、成绩表、课程表、授课表中输入记录

**实验要求**：各字段数据见表 3.2 ~ 表 3.5。

表 3.2　“班级”表记录

| 班级编号 | 班级名称 | 人　数 | 班主任 |
|---|---|---|---|
| 2018001 | 经济 1801 | 40 | 王强 |
| 2018002 | 经济 1802 | 38 | 李刚 |
| 2018003 | 商务 1801 | 42 | 张宏 |
| 2018004 | 商务 1802 | 41 | 王丽娟 |
| 2018005 | 设计 1801 | 20 | 宋文君 |
| 2018006 | 设计 1802 | 19 | 杨晓亮 |
| 2018007 | 财务 1801 | 35 | 赵辉 |
| 2018008 | 财务 1802 | 36 | 张丽云 |

表 3.3　“成绩”表记录

| 学　号 | 课程编号 | 分　数 |
|---|---|---|
| 20180001 | J005 | 90 |
| 20180001 | Z005 | 100 |
| 20180010 | J001 | 98 |
| 20180010 | Z002 | 80 |
| 20180111 | J004 | 95 |
| 20180111 | Z004 | 80 |
| 20180135 | J003 | 80 |
| 20180135 | Z003 | 85 |
| 20181445 | J005 | 78 |
| 20181445 | Z005 | 99 |
| 20182278 | J001 | 80 |
| 20182278 | Z001 | 95 |
| 20183228 | J003 | 90 |
| 20183228 | Z003 | 50 |
| 20183245 | J004 | 88 |
| 20183245 | Z005 | 55 |
| 20183500 | J002 | 70 |
| 20183500 | Z002 | 70 |
| 20184321 | J002 | 75 |
| 20184321 | Z002 | 60 |

表 3.4 “课程”表记录

| 课程编号 | 课程名称 | 课程类别 | 学 分 |
|---|---|---|---|
| J001 | 大学计算机基础 | 基础课 | 4 |
| J002 | C 语言 | 基础课 | 4 |
| J003 | 大学英语 | 基础课 | 4 |
| J004 | 毛泽东思想概论 | 基础课 | 3 |
| J005 | 马克思主义哲学 | 基础课 | 3 |
| Z001 | 会计学 | 专业课 | 4 |
| Z002 | 审计学 | 专业课 | 4 |
| Z003 | 经济学 | 专业课 | 4 |
| Z004 | 法学 | 专业课 | 4 |
| Z005 | 货币银行学 | 专业课 | 4 |

表 3.5 “授课”表记录

| 课程编号 | 班级编号 | 教师编号 | 学 年 | 学 期 | 学时 |
|---|---|---|---|---|---|
| J001 | 2018001 | 0221 | 2018 至 2019 | 第一学期 | 64 |
| J002 | 2018002 | 0310 | 2018 至 2019 | 第二学期 | 64 |
| J003 | 2018003 | 0457 | 2018 至 2019 | 第一学期 | 64 |
| J004 | 2018004 | 0530 | 2018 至 2019 | 第一学期 | 48 |
| J005 | 2018005 | 0678 | 2018 至 2019 | 第二学期 | 48 |
| Z001 | 2018006 | 1100 | 2018 至 2019 | 第二学期 | 64 |
| Z002 | 2018007 | 1211 | 2018 至 2019 | 第二学期 | 64 |
| Z003 | 2018008 | 1420 | 2018 至 2019 | 第二学期 | 64 |
| Z004 | 2018009 | 1523 | 2018 至 2019 | 第一学期 | 48 |
| Z005 | 2018010 | 1678 | 2018 至 2019 | 第二学期 | 64 |

**操作步骤**

参考实验 3.1 依次完成上述表的数据录入。

## 实验 3.3 表中数据的删除

**实验要求：**将授课表中，课程编号为 Z004 和 Z005 的记录删除。

**操作步骤**

① 打开授课表的“数据表视图”。

② 选中课程编号为 Z004 和 Z005 的记录，单击鼠标右键，选择“删除记录”命令，在弹出的对话框中单击“确定”按钮。

或者选中记录后，单击“开始”选项卡的“记录”组中的“删除”按钮，也可实现同样的效果。

## 实验 3.4　数据的排序

**实验要求**：对学生表按“出生日期”升序排序，结果如图 3.1 所示。

学生

| 学号 | 姓名 | 性别 | 出生日期 | 党员否 | 入学成绩 | 班级编号 | 兴趣爱好 | 照片 |
|---|---|---|---|---|---|---|---|---|
| 20184321 | 李丹 | 女 | 1998/8/8 | ☐ | 531 | 2018002 | 电影，体育，旅游 | |
| 20183228 | 陈志达 | 男 | 1998/12/10 | ☐ | 524 | 2018001 | 游泳，体育 | Package |
| 20183500 | 王一凡 | 男 | 1998/12/12 | ☐ | 527 | 2018003 | 电影，体育，看书 | |
| 20180010 | 李政新 | 男 | 1999/3/8 | ☐ | 505 | 2018001 | 游泳，摄影 | Package |
| 20180111 | 杨龙 | 男 | 1999/5/20 | ☑ | 532 | 2018006 | 看书，唱歌 | Package |
| 20180001 | 王娜 | 女 | 1999/10/10 | ☐ | 521 | 2018002 | 游泳，旅游 | |
| 20180135 | 李进 | 女 | 1999/11/11 | ☐ | 511 | 2018002 | 游泳，电影 | |
| 20182278 | 许阳 | 男 | 2000/1/9 | ☐ | 545 | 2018006 | 摄影，看书，唱歌 | Package |
| 20183245 | 吴元元 | 女 | 2000/1/10 | ☑ | 509 | 2018006 | 摄影，旅游 | |
| 20181445 | 王玉 | 女 | 2000/5/27 | ☐ | 510 | 2018003 | 电影，体育 | Package |
| * | | | | ☐ | | | | |

图 3.1　排序后结果

### 操作步骤

① 打开学生表的“数据表视图”。

② 单击“出生日期”字段名称右侧的下拉箭头。

③ 在弹出的下拉列表框中选择“升序”。

④ 在关闭“数据表视图”时，系统会提示保存，用户可根据需要选择是否保存排序以后的数据表。

## 实验 3.5　数据的筛选和高级筛选

**实验要求**：采用筛选和高级筛选两种方式选出学生表中的“男党员”，如图 3.2 所示。

学生

| 学号 | 姓名 | 性别 | 出生日期 | 党员否 | 入学成绩 | 班级 | 兴趣爱好 | 照片 |
|---|---|---|---|---|---|---|---|---|
| 20180111 | 杨龙 | 男 | 1999/5/20 | ☑ | 532 | | 看书，唱歌 | |
| * | | 男 | | ☐ | | | | |

图 3.2　筛选结果

### 操作步骤

数据“筛选”操作步骤如下。

① 打开学生表的“数据表视图”。

② 单击“性别”字段名称右侧下拉箭头，在弹出的下拉列表框中仅选择“男”复选框。

③ 单击“党员否”字段名称右侧下拉箭头，在弹出的下拉列表框中仅选择 True 复选框。

④ 关闭“数据表视图”时，系统会提示保存，用户可根据需要选择是否保存排序以后的数据表。

“高级筛选”操作步骤如下。

① 打开学生表的“数据表视图”。

② 选择“开始→排序和筛选→高级”按钮，在打开的下拉列表中，单击“高级筛选/排序”命令。

③ 打开一个设计窗口，其窗口分为两个窗格，上部窗格显示学生表，下部是设置筛选条件的窗格。在下部窗格中选择“性别”和“党员否”两个字段。

④ 在“性别”字段下部的“条件”内输入“男”，“党员否”字段下部的“条件”内输入 True。

⑤ 单击“开始”选项卡的“排序和筛选”组中的“切换筛选”按钮，查看筛选结果。

# 实验 4
# 表间关系建立和数据的导出

## 实验目的

（1）掌握数据的导入和导出方法。

（2）掌握建立数据表间关系的方法。

（3）掌握编辑数据表间关系的方法。

（4）掌握删除数据表间关系的方法。

## 实验内容

### 实验 4.1　从 Excel 文件导入数据

**实验要求：** 按照表 4.1 建立 Excel 文件“教师.xlsx”，将其导入数据库“xsgl.accdb”中，参照表 4.2 修改表结构。

表 4.1　　教师表

| 教师编号 | 姓名 | 性别 | 参加工作时间 | 党员否 | 职称 | 备注 |
|---|---|---|---|---|---|---|
| 0221 | 孙同心 | 男 | 1990/7/1 | 中共党员 | 教授 | |
| 0310 | 张丽云 | 女 | 2010/9/5 | 群众 | 讲师 | |
| 0457 | 刘玲 | 女 | 1998/10/10 | 中共党员 | 副教授 | |
| 0530 | 王强 | 男 | 1995/1/10 | 群众 | 教授 | |
| 0678 | 李刚 | 男 | 2012/3/1 | 群众 | 讲师 | |
| 1100 | 张宏 | 男 | 2013/7/25 | 中共党员 | 讲师 | |
| 1211 | 王丽娟 | 女 | 1990/9/1 | 群众 | 教授 | |
| 1420 | 宋文君 | 女 | 2014/5/25 | 群众 | 讲师 | |
| 1511 | 杨晓亮 | 男 | 1996/5/27 | 群众 | 副教授 | |
| 1600 | 赵辉 | 男 | 2000/8/8 | 中共党员 | 教授 | |

表 4.2 教师表结构

| 字段名 | 类型 | 宽度 |
|---|---|---|
| 教师编号 | 文本 | 5 |
| 姓名 | 文本 | 10 |
| 性别 | 文本 | 1 |
| 参加工作时间 | 日期/时间 | |
| 党员否 | 文本 | 10 |
| 职称 | 文本 | 10 |
| 备注 | 备注 | |

操作步骤

① 参考表 4.1 的内容，在 Excel 中建立“教师.xlsx”文件。

② 打开“xsgl.accdb”数据库，单击“外部数据→导入并链接→Excel”按钮，打开“获取外部数据-Excel 电子表格”对话框。

③ 单击文件名右侧的“浏览”按钮，选择对应文件夹下的“教师.xlsx”文件，其余内容不做改动，单击“确定”按钮。

④ 在弹出的对话框中单击“下一步”按钮，选中“第一行包含列标题”，单击“下一步”按钮。

⑤ 单击“下一步”按钮，选择“我自己选择主键”，在右侧下拉列表框中选择“教师编号”。

⑥ 单击“下一步”按钮，在“导入到表”对话框中输入“教师”，单击“完成”按钮。

⑦ 单击“关闭”按钮。

⑧ 打开教师表设计视图，参照表 4.2 内容修改表结构。

## 实验 4.2 导出数据为 Excel 文件和 PDF 文件

**实验要求**：将学生表导出为 Excel 文件，如图 4.1 所示，将教师表导出为 PDF 文件，如图 4.2 所示。

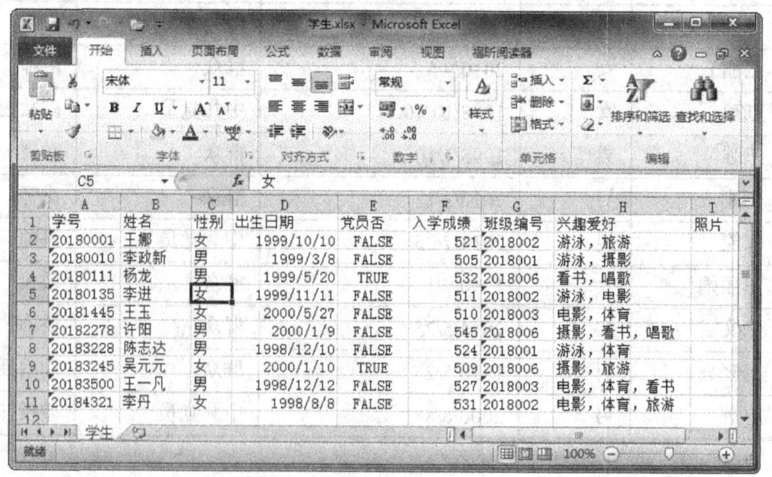

图 4.1 学生.xlsx

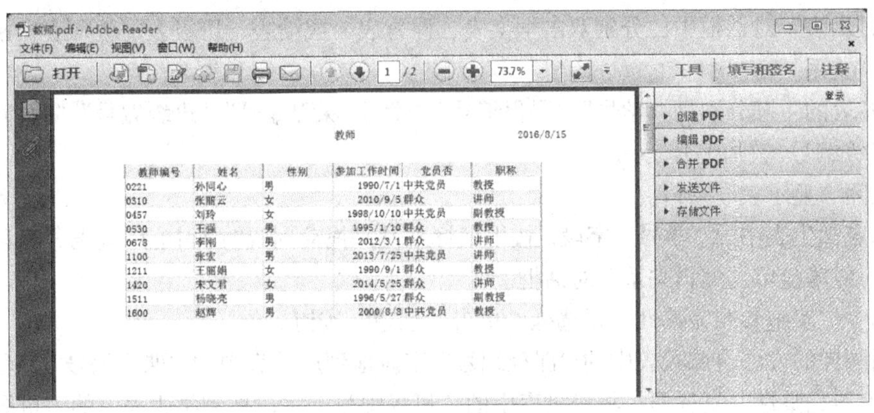
教师　2016/8/15

| 教师编号 | 姓名 | 性别 | 参加工作时间 | 党员否 | 职称 |
|---|---|---|---|---|---|
| 0221 | 孙同心 | 男 | 1990/7/1 | 中共党员 | 教授 |
| 0310 | 张丽云 | 女 | 2010/9/5 | 群众 | 讲师 |
| 0457 | 刘玲 | 女 | 1998/10/10 | 中共党员 | 副教授 |
| 0530 | 王强 | 男 | 1995/1/10 | 群众 | 教授 |
| 0678 | 李刚 | 男 | 2012/3/1 | 群众 | 讲师 |
| 1100 | 张宏 | 男 | 2013/7/25 | 中共党员 | 讲师 |
| 1211 | 王丽娟 | 女 | 1990/9/1 | 群众 | 教授 |
| 1420 | 宋文君 | 女 | 2014/5/25 | 群众 | 讲师 |
| 1511 | 杨晓亮 | 男 | 1996/5/27 | 群众 | 副教授 |
| 1600 | 赵辉 | 男 | 2000/8/8 | 中共党员 | 教授 |

图 4.2　教师.PDF

## 操作步骤

① 打开学生表的“数据表视图”，在“外部数据”功能区选择“导出”组，单击功能栏上的 Excel 按钮。

② 在弹出的对话框中，选择保存文件的位置和类型，单击“确定”按钮。

③ 打开教师表的“数据表视图”，在“外部数据”功能区选择“导出”组，单击功能栏上的 PDF 或 XPS 按钮。

④ 在弹出的对话框中，选择保存文件的位置和类型，单击“发布”按钮。

## 实验 4.3　分析数据库中的几个表，分别建立表间关系

**实验要求：**建立对应的表间关系，如图 4.3 所示。

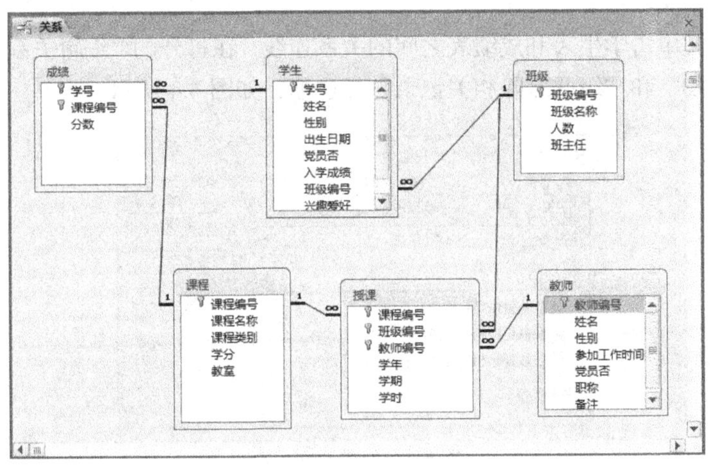


图 4.3　表间关系

## 操作步骤

① 打开“xsgl.accdb”数据库中的“数据库工具/关系”组，单击功能栏上的“关系”按钮，打开“关系”窗口，同时打开“显示表”对话框。

② “显示表”对话框中，分别双击学生表、课程表、成绩表、班级表、教师表、授课表，将其添加到“关系”窗口中。

注：各表的主键分别是“学号”“课程编号”“学号+课程编号”“班级编号”“教师编号”“课程编号+班级编号+教师编号”。

③ 关闭“显示表”窗口。

④ 选定学生表中的“学号”字段，按下鼠标左键并拖动到成绩表中的“学号”字段上，松开鼠标。此时屏幕显示“编辑关系”对话框。

⑤ 选中“实施参照完整性”复选框，单击“创建”按钮。

⑥ 用同样的方法将课程表中的“课程编号”字段拖到成绩表中的“课程编号”字段上，并选中“实施参照完整性”复选框；将班级表中的“班级编号”字段拖到学生表中的“班级编号”字段上，并选中“实施参照完整性”复选框；将班级表中的“班级编号”字段拖到授课表中的“班级编号”字段上，并选中“实施参照完整性”复选框；将课程表中的“课程编号”字段拖到“授课”表中的“课程编号”字段上，并选中“实施参照完整性”复选框；将教师表中的“教师编号”字段拖到授课表中的“教师编号”字段上，并选中“实施参照完整性”复选框。

⑦ 单击“保存”按钮，保存表之间的关系，单击“关闭”按钮，关闭“关系”窗口。

## 实验 4.4 编辑表间关系

**实验要求**：编辑学生表和成绩表之间的关系，设定其参照完整性为“级联更新”和“级联删除”。

### 操作步骤

① 打开“xsgl.accdb”数据库，单击“数据库工具/关系→关系”按钮，打开“关系”窗口。

② 用鼠标右键单击学生表和成绩表之间的关系连线，在打开的“编辑关系”对话框中，勾选“级联更新相关字段”和“级联删除相关记录”复选框，如图 4.4 所示。

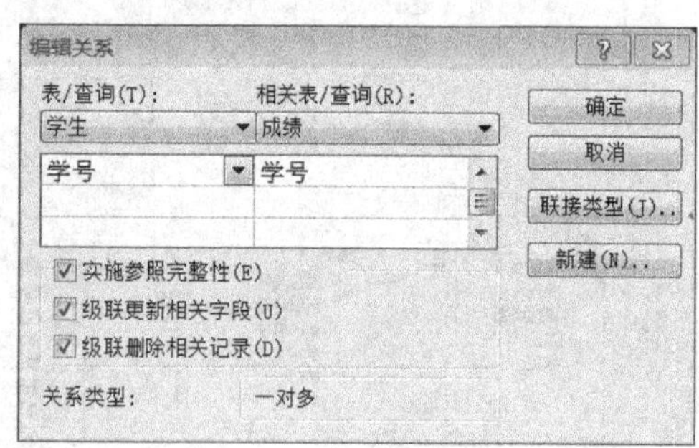


图 4.4 编辑表间关系

③ 单击“确定”按钮，关闭对话框。

# 实验 5 查询（一）

## 实验目的

（1）掌握选择查询、交叉表查询的建立方法。

（2）掌握运行和修改查询的方法。

（3）掌握汇总查询结果的使用方法。

## 实验内容

### 实验 5.1 建立并运行选择查询

**实验要求：**查询班级编号为“2018002”的学生的基本信息（查询结果包括所有字段），结果如图 5.1 所示。

查询1

| 学号 | 姓名 | 性别 | 出生日期 | 党员否 | 入学成绩 | 班级编号 | 兴趣爱好 | 照片 |
|---|---|---|---|---|---|---|---|---|
| 20180001 | 王娜 | 女 | 1999/10/10 | ☐ | 521 | 2018002 | 游泳，旅游 | |
| 20180135 | 李进 | 女 | 1999/11/11 | ☐ | 511 | 2018002 | 游泳，电影 | |
| 20184321 | 李丹 | 女 | 1998/08/08 | ☐ | 531 | 2018002 | 电影，体育，旅游 | |
| * | | | | ☐ | | | | |

图 5.1 查询 1 运行结果

## 操作步骤

① 打开“xsgl.accdb”数据库，单击“创建”功能区“查询”组中的“查询设计”按钮，打开“查询”窗口，同时打开“显示表”对话框。

② 在“显示表”对话框中，分别双击学生表，将其添加到“查询”窗口中。

③ 在“查询设计视图”窗口下端依次添加对应显示的字段，并在“班级编号”下方的“条件”行中输入“2018002”，保存查询为“查询 1”，并单击“设计”功能区“结果”组中的“运行”按钮。

或者在“查询”窗口下端第一列中选择“学生.*”，在第二列中选择“班级编号”，如图 5.2 所示。取消选中该列的“显示”复选框，在下方的“条件”行中输入“2018002”，保存查询为“查询 1”，并单击“设计”功能区“结果”组中的“运行”按钮。

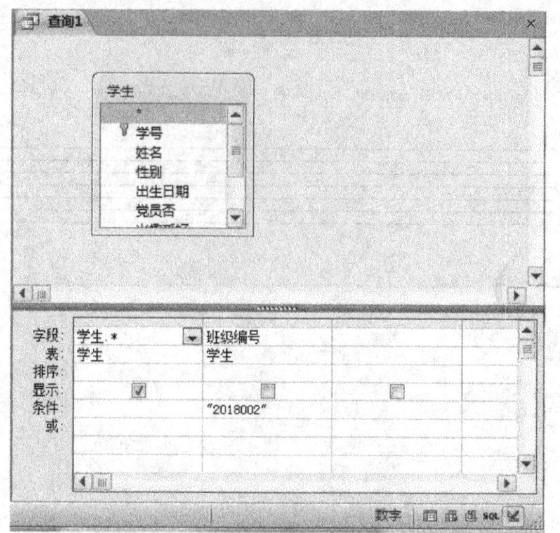

图 5.2 查询 1 设计视图

## 实验 5.2 建立并运行查询

**实验要求**：统计学生表中 1999 年出生的学生人数，结果如图 5.3 所示。

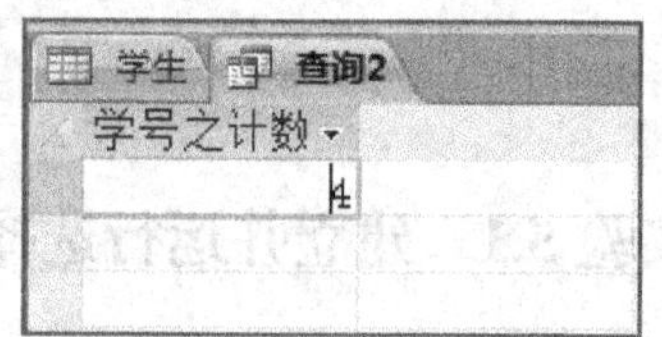

图 5.3 查询 2 运行结果

### 操作步骤

① 打开“xsgl.accdb”数据库，单击“创建”功能区“查询”组中的“查询设计”按钮，打开“查询设计视图”窗口，同时打开“显示表”对话框。

② 在“显示表”对话框中，分别双击学生表，将其添加到“查询”窗口中。

③ 单击“查询工具/设计”下的“显示/隐藏”组上的“汇总”按钮，插入一个“总计”行，添加“学号”字段，单击“学号”字段的“总计”行右侧的向下箭头，选择“计数”函数。

④ 添加“出生日期”字段，单击“出生日期”字段的“总计”行右侧的向下箭头，选择“Where”，在下方的“条件”行中输入“Year([出生日期])=1999”，保存查询为“查询 2”，并单击“设计”功能区“结果”组中的“运行”按钮，如图 5.4 所示。

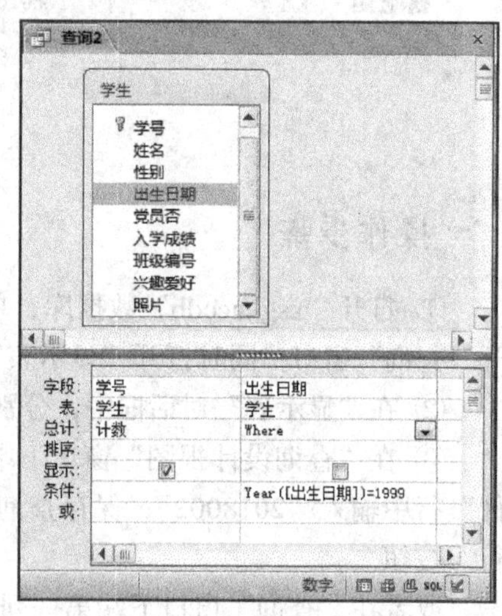

图 5.4 查询 2 设计视图

## 实验 5.3　修改查询

**实验要求：**修改查询 2，使查询结果中标题的显示内容为“99 年出生的学生人数”，结果如图 5.5 所示。

图 5.5　修改查询 2 运行结果

### 操作步骤

① 在数据库左侧导航窗口上侧的[查询]下拉列表框中选择“查询”。

② 用鼠标右键单击“查询 2”，在弹出的菜单中选择“设计视图”，打开查询设计器。

③ 将第一个字段内容由“学号”改为“99 年出生的学生人数: 学号”。

④ 保存并运行。

## 实验 5.4　建立并运行查询

**实验要求：**查询学生表中男生和女生的人数，结果如图 5.6 所示。

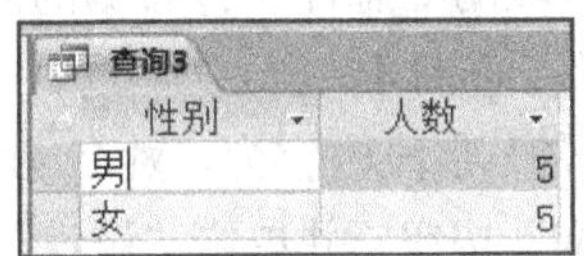


图 5.6　查询 3 运行结果

### 操作步骤

① 打开“xsgl.accdb”数据库，单击“创建→查询→查询设计”按钮，打开“查询设计视图”窗口，同时打开“显示表”对话框。

② 在“显示表”对话框中，双击学生表，将其添加到“查询”窗口中。

③ 单击“查询工具→设计→显示/隐藏”组中的“汇总”按钮，插入一个“总计”行。

④ 添加“性别”字段，单击“性别”字段下“总计”行右侧的向下箭头，选择“Group By”；添加“学号”字段，单击“学号”字段的“总计”行右侧的向下箭头，选择“计数”。

修改“学号”字段内容为“人数:学号”。

⑤ 保存查询为“查询 3”，并单击“设计”功能区“结果”组的“运行”按钮，如图 5.7 所示。

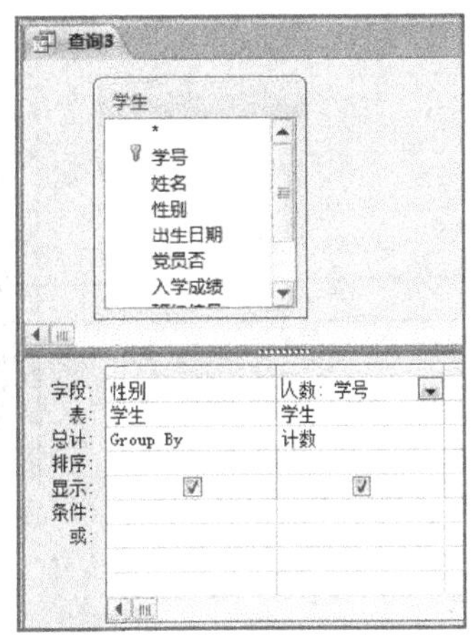


图 5.7　查询 3 设计视图

## 实验 5.5　建立并运行查询

**实验要求：**查询学生表和班级表，显示各班班级名称及各班入学成绩最高同学的姓名和成绩，结果如图 5.8 所示。

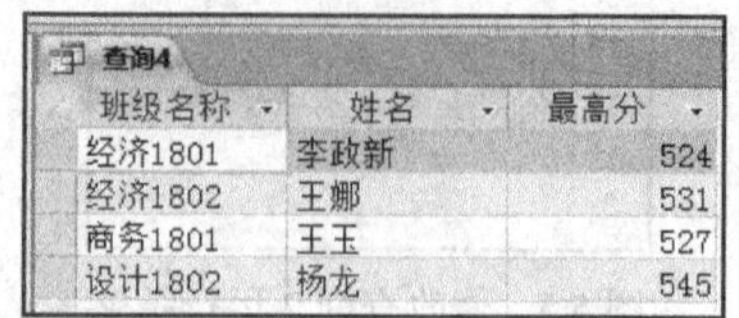

查询4

| 班级名称 | 姓名 | 最高分 |
|---|---|---|
| 经济1801 | 李政新 | 524 |
| 经济1802 | 王娜 | 531 |
| 商务1801 | 王玉 | 527 |
| 设计1802 | 杨龙 | 545 |

图 5.8　查询 4 运行结果

### 操作步骤

① 打开“xsgl.accdb”数据库，单击“创建→查询→查询设计”按钮，打开“查询设计视图”窗口，同时打开“显示表”对话框。

② 在“显示表”对话框中，分别双击学生表和班级表，将其添加到“查询设计视图”窗口中。

③ 单击“查询工具→设计→显示/隐藏”组中的“汇总”按钮，插入一个“总计”行。

④ 添加“班级名称”字段，单击“班级名称”字段的“总计”行右侧的向下箭头，选择 Group By；添加“姓名”字段，单击“姓名”字段的“总计”行右侧的向下箭头，选择 First；添加“入学成绩”字段，单击“入学成绩”字段的“总计”行右侧的向下箭头，选择“最大值”。

⑤ 保存查询为“查询 4”，并运行查询 4。

⑥ 返回到设计视图，修改“姓名”字段内容为“姓名:姓名”；修改“入学成绩”字段内容为“最高分:入学成绩”，单击“保存查询”按钮，并单击“设计”功能区“结果”组的“运行”按钮，如图 5.9 所示。

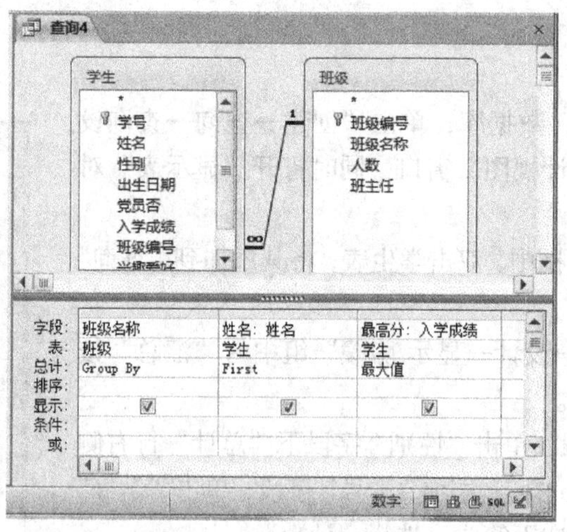


图 5.9　查询 4 设计视图

## 实验 5.6　利用向导建立并运行交叉表查询

**实验要求：**利用查询向导建立交叉表查询，计算各班男女生的人数，查询结果如图 5.10 所示。

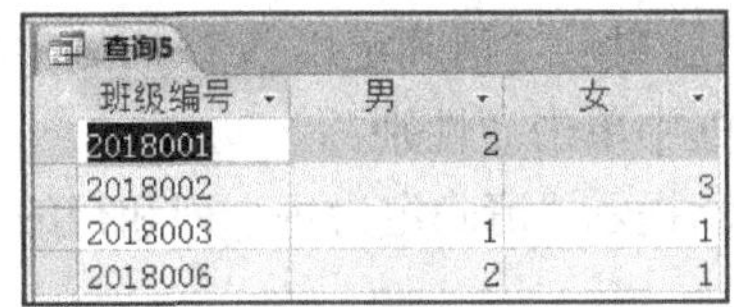

查询5

| 班级编号 | 男 | 女 |
| --- | --- | --- |
| 2018001 | 2 | |
| 2018002 | | 3 |
| 2018003 | 1 | 1 |
| 2018006 | 2 | 1 |

图 5.10　交叉表查询结果

## 操作步骤

① 打开“xsgl.accdb”数据库，单击“创建”选项卡的“查询”组上的“查询向导”按钮，弹出“新建查询”对话框。

② 在“新建查询”对话框中，单击“交叉表查询向导”，单击“确定”按钮，显示“交叉表查询向导”对话框。

③ 在“交叉表查询向导”对话框中，单击“视图”框中的“表”按钮。在右侧的表名列表框中选择“表：学生”，如图 5.11 所示。

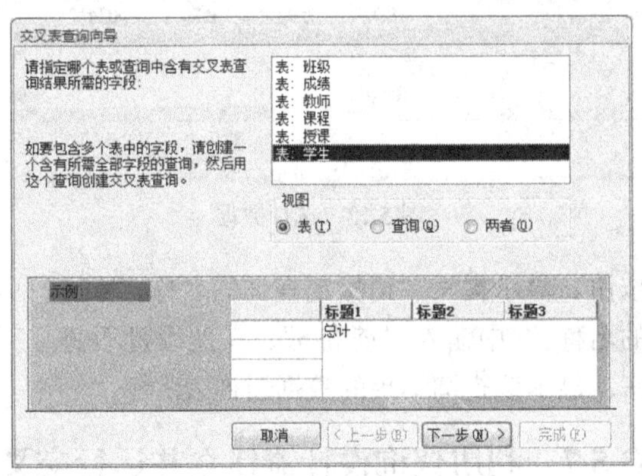


图 5.11　选择表

④ 单击“下一步”按钮，显示提示“请确定用哪些字段的值作为行标题:”的“交叉表查询向导”对话框。

⑤ 在该对话框中的“可用字段”列表框中，单击“班级编号”，再单击“>”按钮，把“班级编号”字段从“可用字段”列表框移到“选定字段”列表框，如图 5.12 所示。

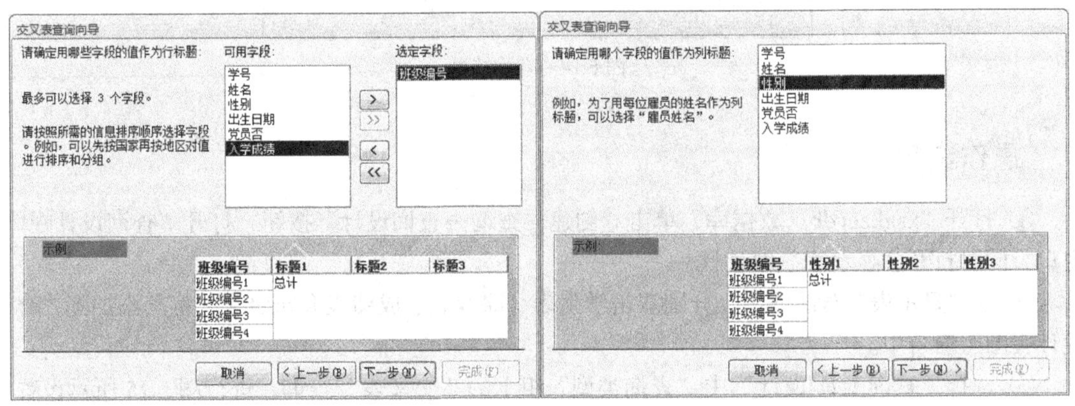


图 5.12　选择行标题和列标题

⑥ 单击“下一步”按钮，显示提示“请确定用哪个字段的值作为列标题:”的“交叉表查询向导”对话框。在“字段”列表框中单击“性别”。

⑦ 单击“下一步”按钮，显示提示“请确定为每个列和行的交叉点计算出什么数字:”的“交叉表查询向导”对话框。

⑧ 在“字段”列表框中选择“学号”。在“函数”列表框中选择 Count。在“请确定是否为每一行作小计:”标签下，单击复选框（默认为选中），如果取消选中该复选框，就不为每一行作小计，如图 5.13 所示。

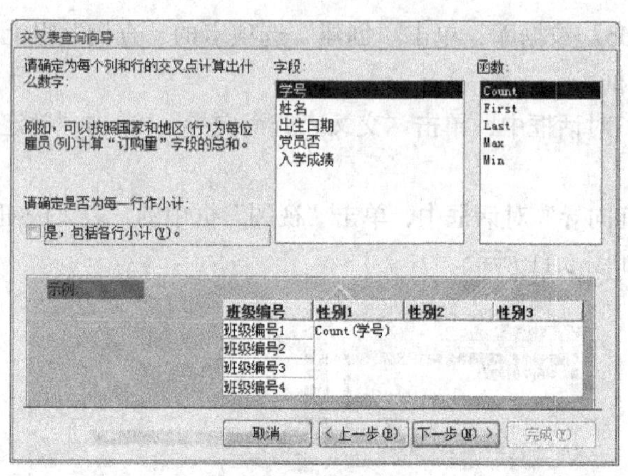


图 5.13　选择数据

⑨ 单击“下一步”按钮，显示提示“请指定查询的名称:”的对话框。

⑩ 在“请指定查询的名称:”中输入“查询 5”，其他设置不变。

⑪ 单击“完成”按钮，显示该查询结果的数据透视表。

## 实验 5.7　利用查询设计器建立并运行交叉表查询

**实验要求：**利用查询设计器建立交叉表查询，计算各班各科成绩在 90 分以上的人数，查询结果如图 5.14 所示。

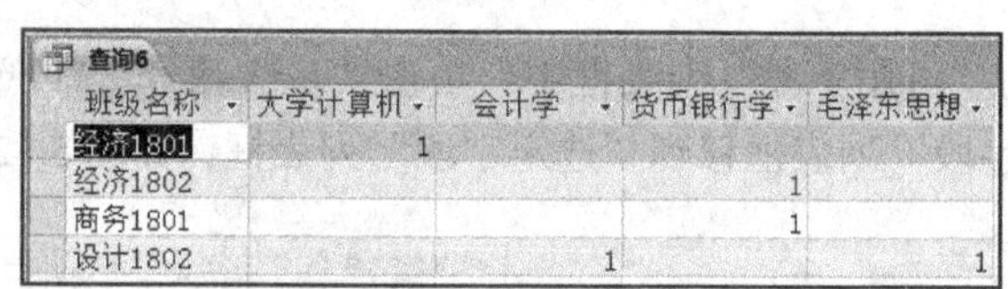

查询6

| 班级名称 | 大学计算机 | 会计学 | 货币银行学 | 毛泽东思想 |
|---|---|---|---|---|
| 经济1801 | 1 | | | |
| 经济1802 | | | 1 | |
| 商务1801 | | | 1 | |
| 设计1802 | | 1 | | 1 |

图 5.14　查询结果

### 操作步骤

① 打开“xsgl.accdb”数据库，单击“创建→查询→查询设计”按钮，打开“查询设计视图”窗口，同时打开“显示表”对话框。

② 在“显示表”对话框中，分别双击学生表、课程表、成绩表和班级表，将其添加到“查询设计视图”窗口中。

③ 选择“查询工具/设计”中“查询类型”组上的“交叉表”查询，进行图 5.15 所示设置。

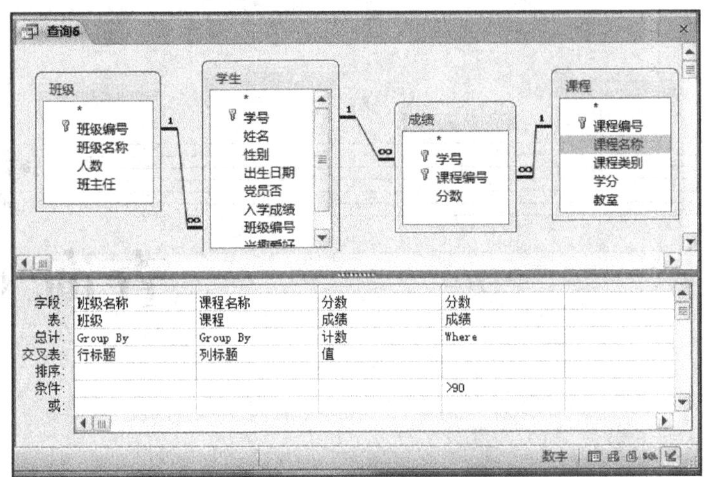


图 5.15　交叉表查询设置

④ 保存查询名称为“查询 6”，并运行查询，查看运行结果。

# 实验6 查询（二）

## 实验目的

（1）掌握建立操作查询的方法。

（2）掌握建立参数查询的方法。

（3）掌握建立 SQL 查询的方法。

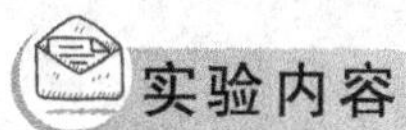

## 实验内容

### 实验 6.1　创建生成表查询

**实验要求**：根据数据库中的表，采用生成表查询生成“经济 1802 班入学成绩表”，字段包含“学号、姓名、班级名称和入学成绩”，查询结果如图 6.1 所示。

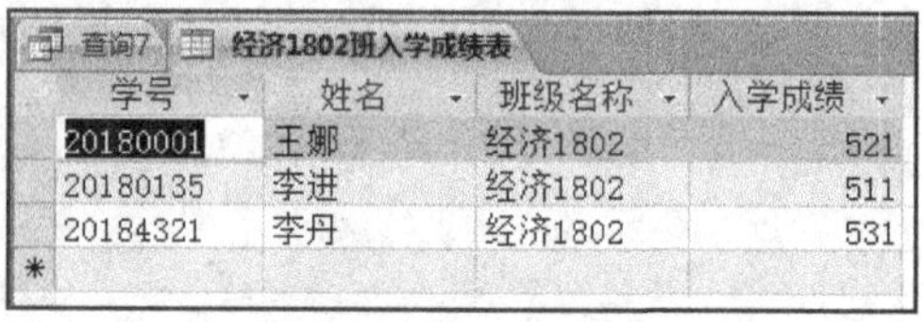

查询7 | 经济1802班入学成绩表

| 学号 | 姓名 | 班级名称 | 入学成绩 |
|---|---|---|---|
| 20180001 | 王娜 | 经济1802 | 521 |
| 20180135 | 李进 | 经济1802 | 511 |
| 20184321 | 李丹 | 经济1802 | 531 |
| * | | | |

图 6.1　生成表查询结果

## 操作步骤

① 打开“xsgl.accdb”数据库，单击“创建→查询→查询设计”按钮，打开“查询设计视图”窗口，同时打开“显示表”对话框。

② 在显示表中添加学生表和班级表。

③ 选择“查询工具/设计”中“查询类型”组上的“生成表”查询，在弹出的“生成表”对话框中输入生成新表的名称为“经济 1802 班入学成绩表”，进行图 6.2 所示的设置。

④ 运行查询，并保存查询为“查询 7”。

⑤ 单击数据库左侧导航，进入“表”，查看“经济 1802 班入学成绩表”运行结果。

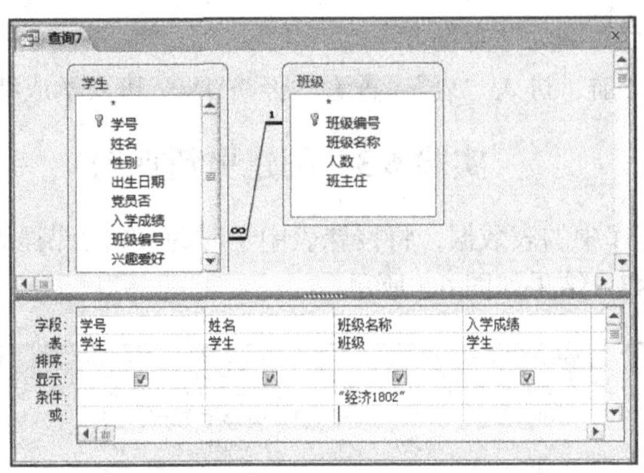


图 6.2　生成表查询设置

## 实验 6.2　创建追加查询

**实验要求：**根据数据库中的表数据，将“经济 1801 班”的学生添加到“经济 1802 班入学成绩表”中，字段包含“学号、姓名、班级名称和入学成绩”，结果如图 6.3 所示。

查询8　经济1802班入学成绩表

| 学号 | 姓名 | 班级名称 | 入学成绩 |
|---|---|---|---|
| 20180001 | 王娜 | 经济1802 | 521 |
| 20180135 | 李进 | 经济1802 | 511 |
| 20184321 | 李丹 | 经济1802 | 531 |
| 20180010 | 李政新 | 经济1801 | 505 |
| 20183228 | 陈志达 | 经济1801 | 524 |

图 6.3　追加表查询结果

### 操作步骤

① 打开“xsgl.accdb”数据库，单击“创建→查询→查询设计”按钮，打开“查询”窗口，同时打开“显示表”对话框。

② 在显示表中添加学生表和班级表。

③ 选择“查询工具/设计”中“查询类型”组上的“追加”查询，在弹出的“追加”对话框中“追加到→表名称”下拉列表中选择“经济 1802 班入学成绩表”，然后单击“确定”按钮。

④ 在查询设计视图中进行图 6.4 所示的设置。

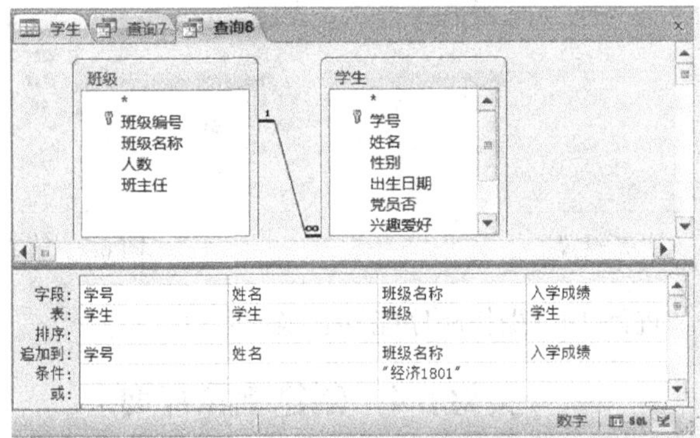


图 6.4　追加表查询设置视图

⑤ 运行查询，并保存查询为“查询 8”。

⑥ 单击数据库左侧导航，进入“表”，查看“经济 1802 班入学成绩表”的运行结果。

## 实验 6.3 创建更新查询

**实验要求**：根据数据库中的表数据，将授课表中学时为 48 的课程的学时更新为 40，学时为 64 的课程的学时更新为 48，结果如图 6.5 所示。

| 课程编号 | 班级编号 | 教师编号 | 学年 | 学期 | 学时 |
|---|---|---|---|---|---|
| J001 | 2018001 | 0221 | 2018至2019 | 第一学期 | 48 |
| J002 | 2018002 | 0310 | 2018至2019 | 第二学期 | 48 |
| J003 | 2018003 | 0457 | 2018至2019 | 第一学期 | 48 |
| J004 | 2018004 | 0530 | 2018至2019 | 第一学期 | 40 |
| J005 | 2018005 | 0678 | 2018至2019 | 第二学期 | 40 |
| Z001 | 2018006 | 1100 | 2018至2019 | 第二学期 | 48 |
| Z002 | 2018007 | 1211 | 2018至2019 | 第二学期 | 48 |
| Z003 | 2018008 | 1420 | 2018至2019 | 第二学期 | 48 |

图 6.5 更新表查询结果

### 操作步骤

① 打开“xsgl.accdb”数据库，单击“创建→查询→查询设计”按钮，打开“查询”窗口，同时打开“显示表”对话框。

② 在显示表中添加授课表。

③ 选择“查询工具/设计”中“查询类型”组上的“更新”查询，在查询设计器中进行图 6.6 所示的设置，将 48 学时改为 40 学时。

④ 保存文件为“查询 9”。

⑤ 重复步骤①~步骤④，在查询设计器中进行图 6.7 所示的设置，运行查询，将 64 学时改为 48 学时，保存查询文件为“查询 10”。

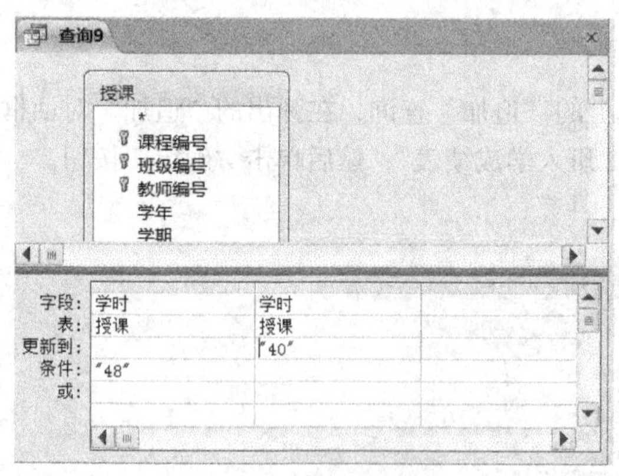


图 6.6 第一次更新设置

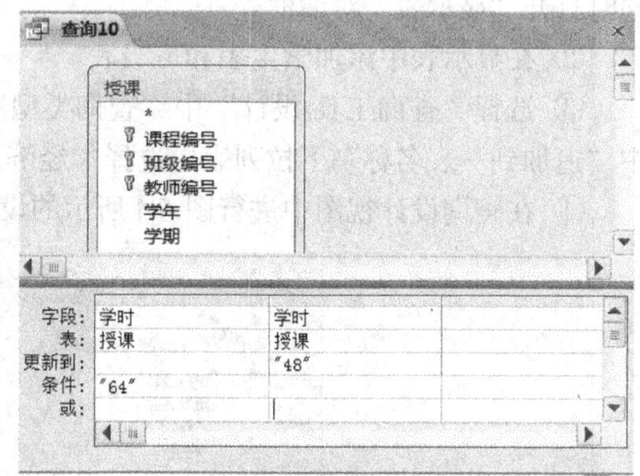


图 6.7 第二次更新设置

思考：“查询 9”与“查询 10”操作顺序能够互换吗？

## 实验 6.4 创建删除查询

**实验要求**：根据数据库中的表数据，删除查询。将“经济 1802 班入学成绩表”中“经济 1801

班”的学生删除。

① 打开“xsgl.accdb”数据库，单击“创建→查询→查询设计”按钮，打开“查询设计视图”窗口，同时打开“显示表”对话框。

② 在显示表中添加“经济 1802 班入学成绩表”。

③ 选择“查询工具/设计”中“查询类型”组上的“删除”查询，在查询设计器中按照图 6.8 所示进行设置。

④ 运行查询，保存文件为“查询 11”。

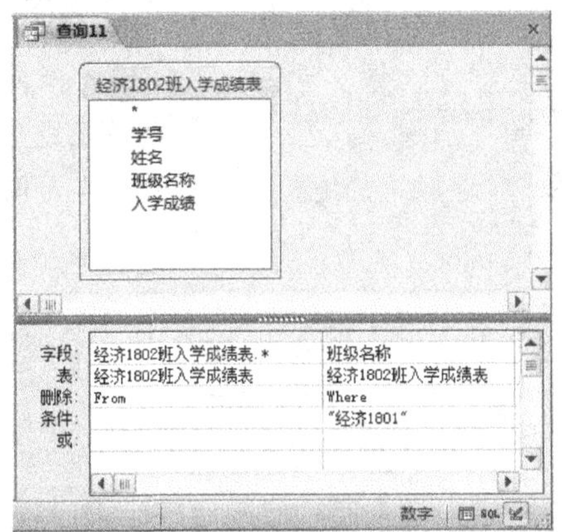


图 6.8　删除查询设置

## 实验 6.5　创建参数查询

**实验要求：**根据数据库中的表数据，创建查询通过输入班级编号查看各班的学生情况，查询条件和查询结果如图 6.9、图 6.10 所示。

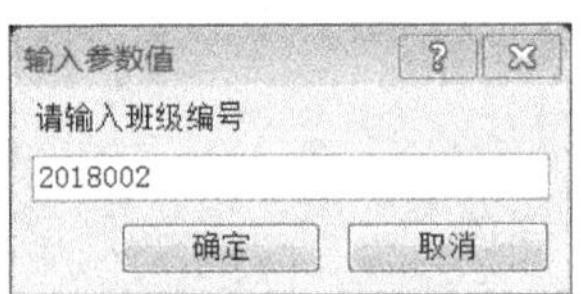


图 6.9　输入参数值

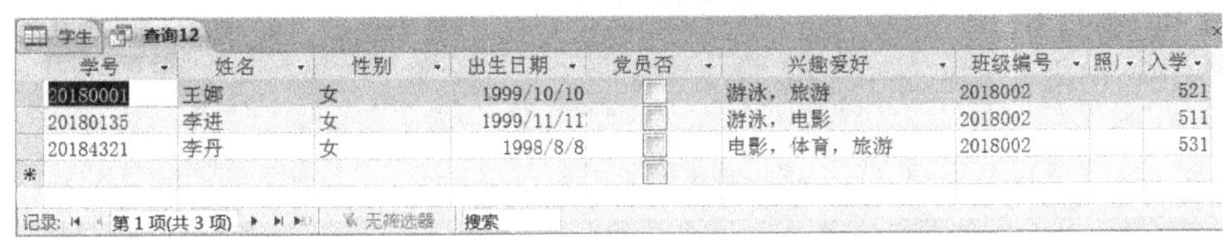


图 6.10 参数查询结果

① 打开“xsgl.accdb”数据库，单击“创建→查询→查询设计”按钮，打开“查询”窗口，

同时打开“显示表”对话框。

② 在显示表中添加学生表。

③ 选择“查询工具/设计”中“显示/隐藏”组上的“参数”，在弹出“查询参数”对话框中按照图 6.11 所示输入“参数”及“数据类型”。

④ 在查询设计器中按照图 6.12 所示进行设置，运行查询，保存文件为“查询 12”。

图 6.11 设定参数

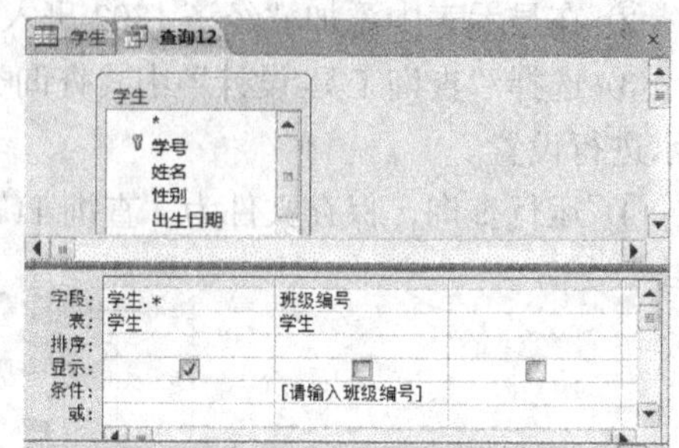


图 6.12 参数查询设置

# 实验 7 SQL

## 实验目的

（1）掌握使用 SQL 语句查询数据的方法。
（2）掌握使用 SQL 语句定义数据的方法。
（3）掌握使用 SQL 语句操作数据的方法。

## 实验内容

### 实验 7.1　使用 SQL 语句进行数据查询

**实验要求：**根据数据库中的表数据，创建 SQL 查询查看学生表中入学成绩高于 520 分的男生的基本情况，查询结果如图 7.1 所示。

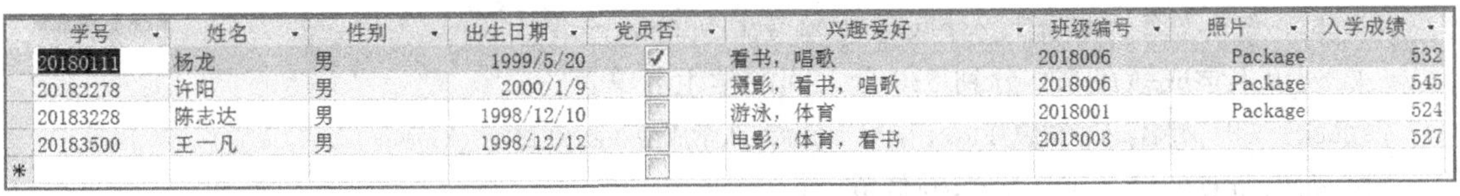

| 学号 | 姓名 | 性别 | 出生日期 | 党员否 | 兴趣爱好 | 班级编号 | 照片 | 入学成绩 |
|---|---|---|---|---|---|---|---|---|
| 20180111 | 杨龙 | 男 | 1999/5/20 | ☑ | 看书，唱歌 | 2018006 | Package | 532 |
| 20182278 | 许阳 | 男 | 2000/1/9 | ☐ | 摄影，看书，唱歌 | 2018006 | Package | 545 |
| 20183228 | 陈志达 | 男 | 1998/12/10 | ☐ | 游泳，体育 | 2018001 | Package | 524 |
| 20183500 | 王一凡 | 男 | 1998/12/12 | ☐ | 电影，体育，看书 | 2018003 | | 527 |
| * | | | | ☐ | | | | |

图 7.1　SQL 查询结果

## 操作步骤

① 打开“xsgl.accdb”数据库，单击“创建→查询→查询设计”按钮，打开“查询设计视图”窗口，同时打开“显示表”对话框，关闭“显示表”对话框。

② 单击“结果”组的“视图”下拉菜单中的“SQL 视图”，如图 7.2 所示。

图 7.2　单击“SQL 视图”

③ 在 SQL 视图中输入下列 SQL 语句。

```
SELECT * from 学生 where 入学成绩>520 and 性别="男"
```

④ 运行查询，保存文件为“查询 13”。

注意

在查询窗口，也可以用鼠标右键单击查询名称，在弹出的菜单中选择“SQL 视图”，进入 SQL 查询的编辑界面。

## 实验 7.2 验证 SQL 查询

**实验要求**：根据数据库中的表数据，参照实验 7.1 的操作流程，依次完成如下查询并运行查询结果。

### 操作步骤

在操作前完成画线部分填空。

（1）SQL 简单查询

① 查询课程表，显示课程全部信息。

SELECT______FROM 课程

② 显示教师表中教师编号、姓名和工龄信息。

SELECT______姓名,Year(Date())-Year(参加工作时间) AS 工龄 FROM 教师

③ 显示教师表中所有教师的平均年龄。

SELECT______AS 平均年龄 FROM 教师

（2）带条件查询

① 列出成绩在 80 分以上的学生相关信息。

SELECT * FROM 成绩 WHERE ______

② 求出班级编号为 2018001 的学生平均年龄。

SELECT AVG(YEAR(DATE())-YEAR(出生日期)) AS 平均年龄 FROM 学生 WHERE______

③ 列出班级编号为 2018001 和 2018002 的学生名单。

SELECT 学号,姓名,班级编号,入学成绩 FROM 学生 WHERE______

④ 列出入学成绩在 520 分到 530 分之间的学生名单。

SELECT 学号,姓名,入学成绩 FROM 学生 WHERE 入学成绩 BETWEEN ______

⑤ 列出所有的姓“王”的学生名单。

SELECT 学号,姓名,性别 FROM 学生 WHERE 姓名 LIKE ______

（3）排序查询

① 按性别顺序列出学生学号、姓名、性别、出生日期及入学成绩，性别相同的再按年龄由大到小排序。

SELECT 学号,姓名,性别,出生日期,入学成绩 FROM 学生 ORDER BY 性别,______

注意

出生日期与年龄的关系。

② 将学生成绩降序排序显示所有信息。

SELECT ______FROM 学生 ORDER BY 入学成绩 ______

（4）分组查询

① 分别统计学生表中的男女生人数。

```
SELECT 性别,COUNT(*) AS 人数 FROM 学生 _______
```

② 按性别统计“教师”表中政治面目为非党员的人数。

```
SELECT 性别,COUNT(*) AS 人数 FROM 教师 WHERE _______ GROUP BY 性别
```

③ 列出平均成绩大于 75 分的课程编号，并按平均分数升序排序。

```
SELECT 课程编号,AVG(分数) AS 平均成绩
FROM 成绩
GROUP BY 课程编号 HAVING AVG(分数)>75 ORDER BY_______
```

（5）嵌套查询

① 列出选修“大学计算机基础”的所有学生的学生编号。

```
SELECT 学号 FROM 成绩 WHERE 课程编号=
(SELECT _______ FROM 课程 WHERE 课程名称="大学计算机基础")
```

② 列出选修 J001 课的学生中成绩比选修 J002 的最低成绩高的学生编号和成绩。

```
SELECT 学号,分数 FROM 成绩
WHERE 课程编号="J001"And 分数>Any
(SELECT _______ FROM 成绩 WHERE 课程编号="J002")
```

③ 列出课程编号 J001 课的学生，这些学生的成绩比课程编号 J002 课的最高分数还要高的学生学号和分数。

```
SELECT 学号,分数 FROM 成绩
WHERE 课程编号="J001" And 分数>All
(SELECT _______FROM 成绩 WHERE 课程编号="J002")
```

④ 列出选修“大学计算机基础”或“C 语言”的所有学生的学生编号。

```
SELECT 学号 FROM 成绩
WHERE 课程编号 IN
(SELECT 课程编号 FROM 课程 WHERE 课程名称=_______)
```

（6）多表查询

① 输出所有学生的成绩单，要求给出学号、姓名、课程编号、课程名称和分数。

```
SELECT a.学号,a.姓名,c.课程编号,c.课程名称,b.分数
FROM 学生 a,成绩 b,课程 c
WHERE a.学号=b.学号 And _______
```

② 列出党员学生的指定信息，包括学号、姓名、党员否、课程编号、课程名称和分数。

```
SELECT a.学号,a.姓名,a.党员否,c.课程编号,c.课程名称,b.分数
FROM 学生 a,成绩 b,课程 c
WHERE a.学号=b.学号 And b.课程编号= c.课程编号 And _______
```

③ 求选修“J006”课程的女生的平均年龄。

```
SELECT AVG(YEAR(DATE())-YEAR(出生日期)) AS 平均年龄 FROM 学生,成绩
WHERE 学生.学号=成绩.学号 AND _______ AND _______
```

## 实验 7.3　使用 SQL 语句定义表结构

**实验要求：** 使用 SQL 语句，建立专业表，表结构为：专业编号 Char(7)，专业名称 Char(20)，授予学位 Char(3)，所属学院 Char(10)，专业简介 Text(50)，结果如图 7.3 所示。

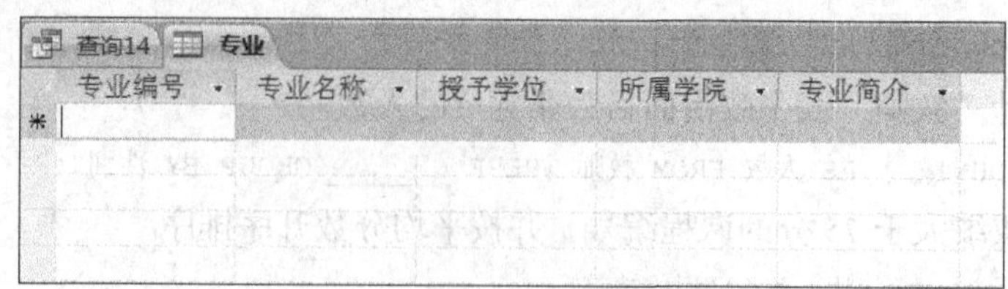

图 7.3　SQL 定义表结构

**操作步骤**

① 打开“xsgl.accdb”数据库，单击“创建→查询→查询设计”按钮，打开“查询”窗口，同时打开“显示表”对话框，关闭“显示表”对话框。

② 在“结果”组的“视图”下拉菜单中选择“SQL 视图”。

③ 在 SQL 视图中输入下列 SQL 语句。

```
CREATE TABLE 专业(专业编号 Char(7), 专业名称 Char(20), 授予学位 Char(3),
所属学院 Char(10),专业简介 Text(50))
```

④ 运行查询，保存文件为“查询 14”。

## 实验 7.4　掌握 SQL 语句更新表结构

**实验要求**：使用 SQL 语句为授课表增加一个字符类型的“教室”字段，字段宽度为 5，结果如图 7.4 所示。

| 课程编号 | 班级编号 | 教师编号 | 学年 | 学期 | 学时 | 教室 | 单击以添加 |
|---|---|---|---|---|---|---|---|
| J001 | 2018001 | 0221 | 2018至2019 | 第一学期 | 48 | | |
| J002 | 2018002 | 0310 | 2018至2019 | 第二学期 | 48 | | |
| J003 | 2018003 | 0457 | 2018至2019 | 第一学期 | 48 | | |
| J004 | 2018004 | 0530 | 2018至2019 | 第一学期 | 40 | | |
| J005 | 2018005 | 0678 | 2018至2019 | 第二学期 | 40 | | |
| Z001 | 2018006 | 1100 | 2018至2019 | 第二学期 | 48 | | |
| Z002 | 2018007 | 1211 | 2018至2019 | 第二学期 | 48 | | |
| Z003 | 2018008 | 1420 | 2018至2019 | 第二学期 | 48 | | |

图 7.4　增加“教室”字段

**操作步骤**

① 打开“xsgl.accdb”数据库，单击“创建→查询→查询设计”按钮，打开“查询”窗口，同时打开“显示表”对话框，关闭“显示表”对话框。

② 在“结果”组的“视图”下拉菜单中选择“SQL 视图”。

③ 在 SQL 视图中输入下列 SQL 语句。

该语句：`ALTER TABLE 授课 ADD 教室 char(5)`

## 实验 7.5　掌握使用 SQL 语句更新表结构

**实验要求**：使用 SQL 语句删除授课表中的“教室”字段，结果如图 7.5 所示。

查询15　授课

| 课程编号 | 班级编号 | 教师编号 | 学年 | 学期 | 学时 | 单击以添加 |
|---|---|---|---|---|---|---|
| J001 | 2018001 | 0221 | 2018至2019 | 第一学期 | 48 | |
| J002 | 2018002 | 0310 | 2018至2019 | 第二学期 | 48 | |
| J003 | 2018003 | 0457 | 2018至2019 | 第一学期 | 48 | |
| J004 | 2018004 | 0530 | 2018至2019 | 第一学期 | 40 | |
| J005 | 2018005 | 0678 | 2018至2019 | 第二学期 | 40 | |
| Z001 | 2018006 | 1100 | 2018至2019 | 第二学期 | 48 | |
| Z002 | 2018007 | 1211 | 2018至2019 | 第二学期 | 48 | |
| Z003 | 2018008 | 1420 | 2018至2019 | 第二学期 | 48 | |

图 7.5　删除“教室”字段

略。

参考 SQL 语句：`ALTER TABLE 授课 DROP 教室`

## 实验 7.6　掌握使用 SQL 语句删除表

**实验要求：**使用 SQL 语句删除专业表。

略。

参考 SQL 语句：`DROP TABLE 专业`

## 实验 7.7　掌握使用 SQL 语句插入表数据

**实验要求：**使用 SQL 语句向学生表中添加学生记录：学号为 20180020，姓名为“张三枫”，性别为“男”，班级编号为 2018003，入学成绩为 511，结果如图 7.6 所示。

学生

| 学号 | 姓名 | 性别 | 出生日期 | 党员否 | 入学成绩 | 班级编号 | 兴趣爱好 | 照片 |
|---|---|---|---|---|---|---|---|---|
| 20180020 | 张三枫 | 男 | | ☐ | 511 | 2018003 | | |
| 20184321 | 李丹 | 女 | 1998/8/8 | ☐ | 531 | 2018002 | 电影，体育，旅游 | |
| 20183228 | 陈志达 | 男 | 1998/12/10 | ☐ | 524 | 2018001 | 游泳，体育 | Package |
| 20183500 | 王一凡 | 男 | 1998/12/12 | ☐ | 527 | 2018003 | 电影，体育，看书 | |
| 20180010 | 李政新 | 男 | 1999/3/8 | ☐ | 505 | 2018001 | 游泳，摄影 | Package |
| 20180111 | 杨龙 | 男 | 1999/5/20 | ☑ | 532 | 2018006 | 看书，唱歌 | Package |
| 20180001 | 王鄉 | 女 | 1999/10/10 | ☐ | 521 | 2018002 | 游泳，旅游 | |
| 20180135 | 李进 | 女 | 1999/11/11 | ☐ | 511 | 2018002 | 游泳，电影 | |
| 20182278 | 许阳 | 男 | 2000/1/9 | ☐ | 545 | 2018006 | 摄影，看书，唱歌 | Package |
| 20183245 | 吴元元 | 女 | 2000/1/10 | ☑ | 509 | 2018006 | 摄影，旅游 | |
| 20181445 | 王玉 | 女 | 2000/5/27 | ☐ | 510 | 2018003 | 电影，体育 | Package |

图 7.6　插入记录

略。

参考 SQL 语句：

```
INSERT INTO 学生(学号,姓名,性别,班级编号,入学成绩)
VALUES ("20180020","张三枫","男","2018003",511)
```

## 实验 7.8　掌握使用 SQL 语句更新表数据

**实验要求：**

① 使用 SQL 语句将学生表中“张三枫”的班级编号改为 2018006。

② 将成绩表中所有党员学生的课程成绩加 5 分。

略。

参考 SQL 语句：

```
① UPDATE 学生 SET 班级编号="2018006" WHERE 姓名="张三枫"
② UPDATE 成绩 SET 分数=分数+5
   WHERE 学号 IN (SELECT 学号 FROM 学生 WHERE 党员否)
```

## 实验 7.9　掌握使用 SQL 语句删除表数据

**实验要求：**使用 SQL 语句删除学生表中“张三枫”的记录。

略。

参考 SQL 语句：

```
DELETE  FROM  学生  WHERE 姓名="张三枫"
```

# 实验 8 窗体（一）

## 实验目的

（1）掌握利用窗体工具快捷创建窗体的方法。
（2）掌握利用导航创建窗体的方法。
（3）掌握数据透视表的创建方法。

## 实验内容

### 实验 8.1　利用窗体工具创建窗体

**实验要求：** 在“xsgl.accdb”数据库中，以学生表为数据源创建如图 8.1 所示的窗体，窗体名称为“学生信息”。

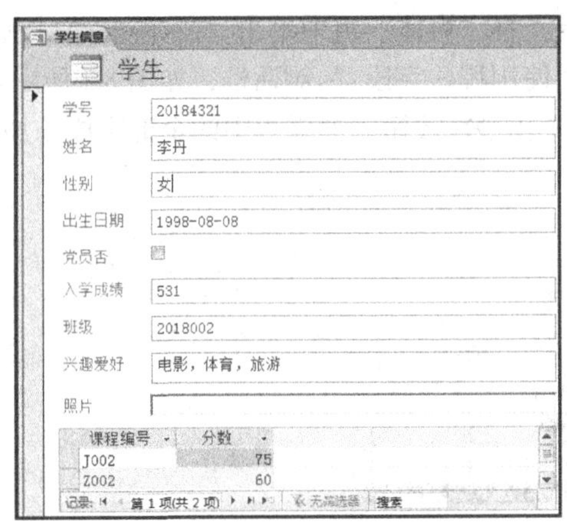


图 8.1　利用窗体工具创建窗体

## 操作步骤

① 打开“xsgl.accdb”数据库，在导航窗格中，选择作为窗体数据源的学生表。
② 单击“创建”选项卡，在“窗体”组中单击“窗体”按钮，窗体立即创建完成。

③ 在快速访问工具栏中单击“保存”按钮，在弹出的“另存为”对话框中输入窗体的名称“学生信息”，然后单击“确定”按钮。

注意

利用窗体工具栏创建窗体时，生成的窗体下部分会出现与记录源有关系的表对象的数据列表，如果不需要，可以在布局视图下将其选中，然后删除。

## 实验 8.2　利用窗体向导创建窗体

**实验要求**：在“xsgl.accdb”数据库中，以教师表为数据源创建图 8.2 所示的窗体，窗体名称为“教师信息”。

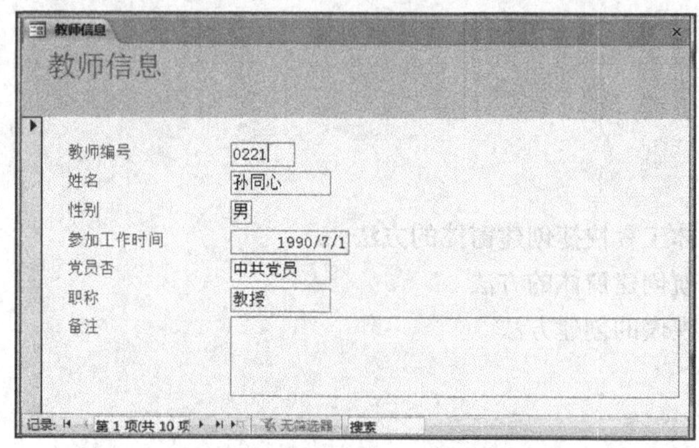


图 8.2　利用窗体向导创建窗体

### 操作步骤

① 打开“xsgl.accdb”数据库，在导航窗格中，选择作为窗体的数据源教师表。

② 单击“创建”选项卡，在“窗体”组中单击“窗体向导”按钮。

③ 打开“请确定窗体上使用哪些字段:”对话框，如图 8.3 所示。在“表/查询”下拉列表中选择需要的数据源教师表，单击 >> 按钮，把该表中的全部字段添加到“选定字段”列表框中，单击“下一步”按钮。

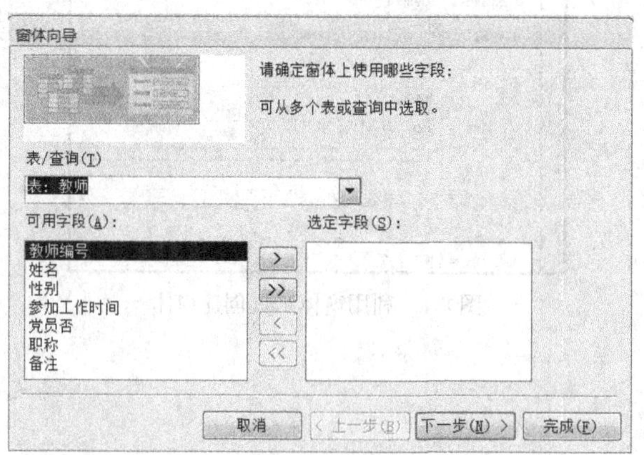


图 8.3　选择字段

④ 打开“请确定窗体使用的布局:”对话框，选择“纵栏表”，如图 8.4 所示，单击“下一步”按钮。

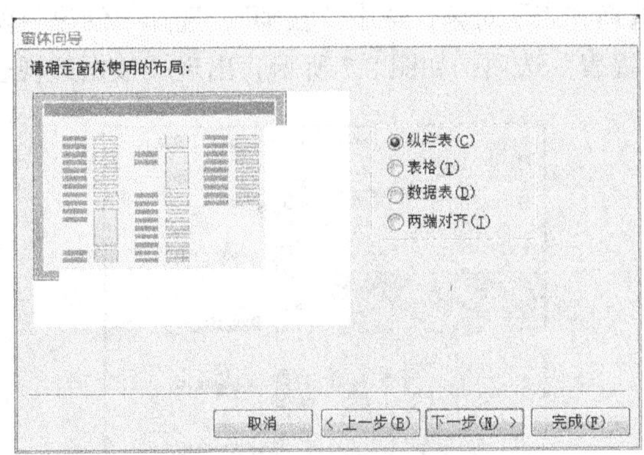


图 8.4　设定布局

⑤ 打开“请为窗体指定标题:”对话框，输入窗体标题“教师信息”，选取默认设置:“打开窗体查看或输入信息”，单击“完成”按钮，如图 8.5 所示。

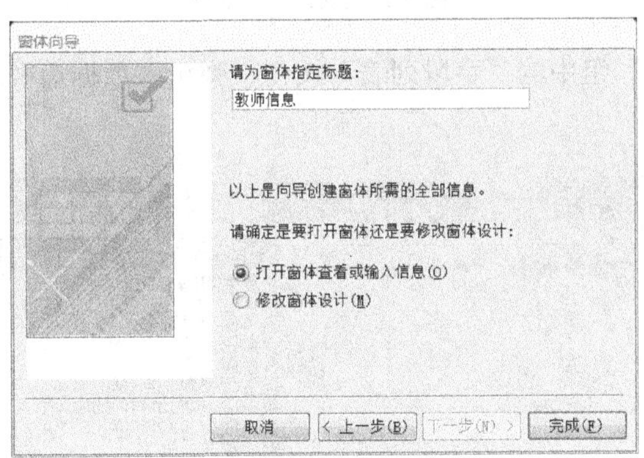


图 8.5　设定标题

## 实验 8.3　创建数据透视表

**实验要求:** 以教师表为数据源自动创建一个“数据透视表”窗体，用于计算各学院不同职称的人数，如图 8.6 所示。

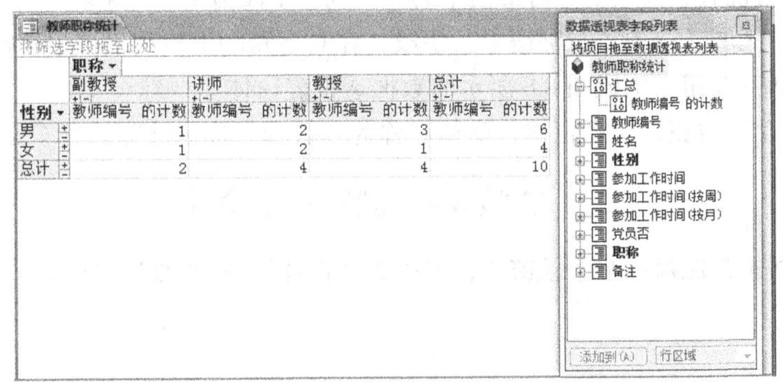


图 8.6　数据透视表

## 操作步骤

① 在导航窗格中，选择“表”对象，选中“教师”，选择“创建→窗体”组，在“其他窗体”下拉列表中单击“数据透视表”选项，如图 8.7 所示，出现“数据透视表工具/设计”选项卡。

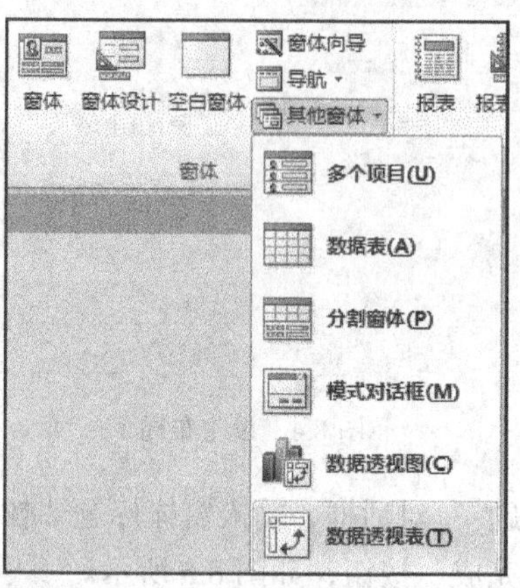


图 8.7　选择窗体类型

② 单击“显示/隐藏”组中的“字段列表”按钮，弹出“数据透视表字段列表”对话框，如图 8.8 所示。

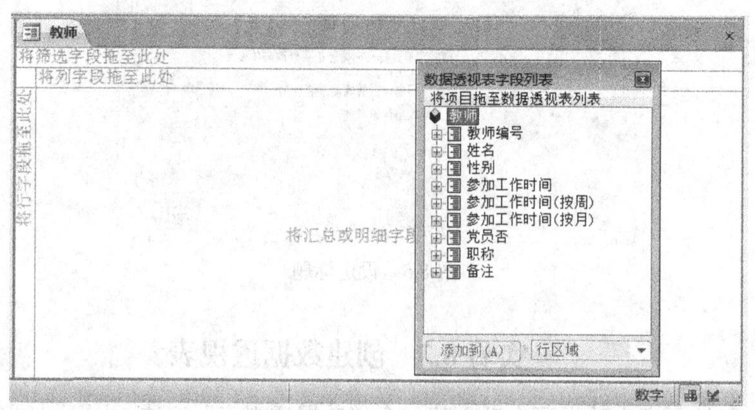


图 8.8　设定字段

③ 将“数据透视表字段列表”对话框中的“性别”字段拖至“行字段”区域，将“职称”字段拖至“列字段”区域，选中“教师编号”字段，在右下角的下拉列表框中选择“数据区域”选项，单击“添加到”按钮，生成图 8.6 所示的数据透视表窗体。

④ 单击“保存”按钮，保存窗体，窗体名称为“教师职称统计”。

## 实验 8.4　创建登录窗体

**实验要求：**创建并保存一个登录窗体，名称为“窗体”，结果如图 8.9 所示。

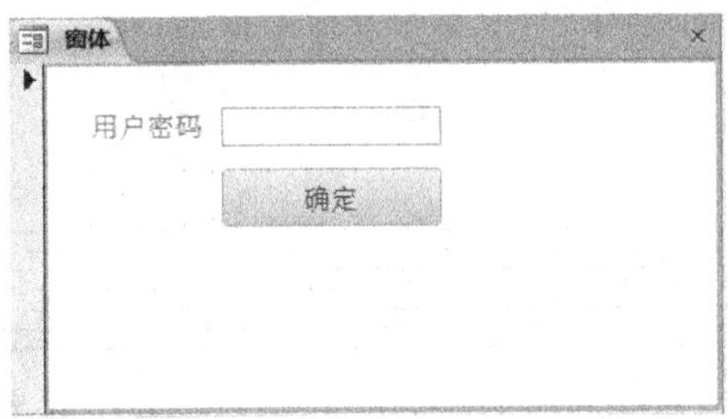


图 8.9　登录窗体

## 操作步骤

① 单击“创建→窗体→空白窗体”按钮。

② 单击“窗体布局工具/设计”中“控件”组的“文本框”按钮，弹出“文本框向导”，设置文本框字体的样式，如图 8.10 所示，直接单击“取消”按钮，然后在窗体的文本框中输入内容“用户密码”。

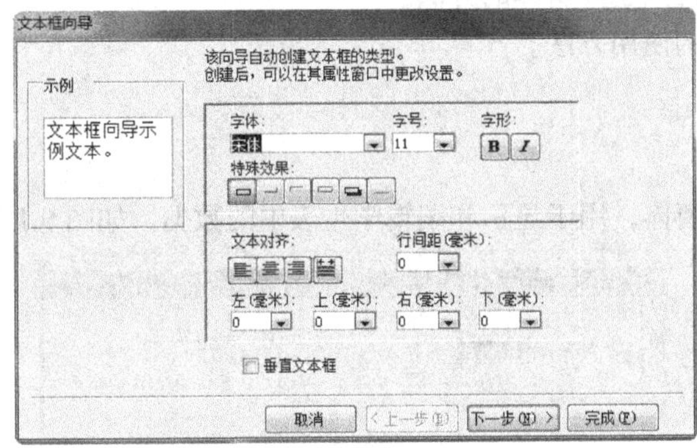


图 8.10　文本框向导

③ 用同样的方式添加命令按钮，在弹出“命令按钮向导”时，直接单击“取消”按钮，如图 8.11 所示，然后在窗体的命令按钮上输入“确定”。

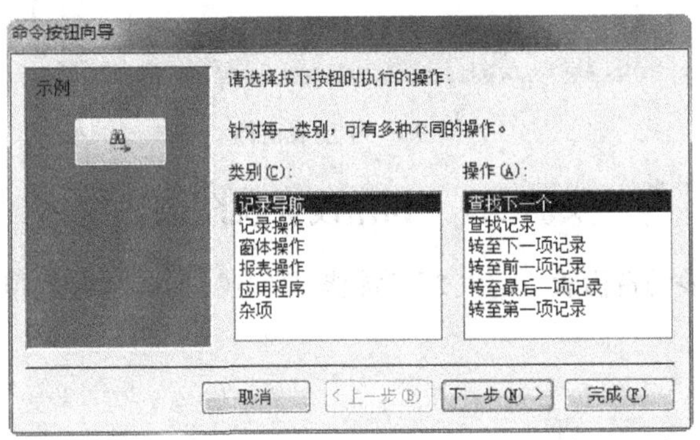


图 8.11　命令按钮向导

④ 将窗体保存为“窗体”。

# 实验 9　窗体（二）

## 实验目的

（1）掌握利用设计视图创建窗体的方法。

（2）掌握常用控件的使用方法。

## 实验内容

利用设计视图创建窗体，用于显示和编辑学生表中的数据，如图 9.1 所示。

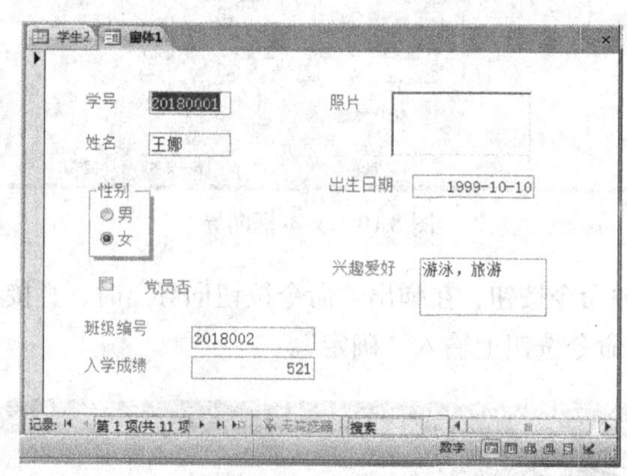


图 9.1　学生表窗体

### 实验 9.1　利用设计视图创建窗体

**实验要求：**以学生表的备份表“学生 2”为数据源创建一个“学生”窗体，用于输入学生信息。

## 操作步骤

① 在导航窗格中，选中学生表，单击“文件→对象另存为”，在“另存为”对话框中输入表名“学生 2”，保存类型为“表”。

② 在导航窗格中，选择表对象中的学生 2 表，单击“创建”选项卡的“窗体”组中的“窗体设计”按钮，建立窗体，弹出“字段列表”窗体（“字段列表”窗体可通过“窗体设计工具/设计”

选项卡“工具”组中的“添加现有字段”按钮，进行显示/隐藏切换）。

③ 分别将“字段列表”窗口中的“学号”“姓名”“党员否”“班级编号”“入学成绩”“照片”“出生日期”和“兴趣爱好”字段拖放到窗体的主体节中，并按图 9.2 所示调整好它们的大小和位置（保留出“性别”字段的位置）。

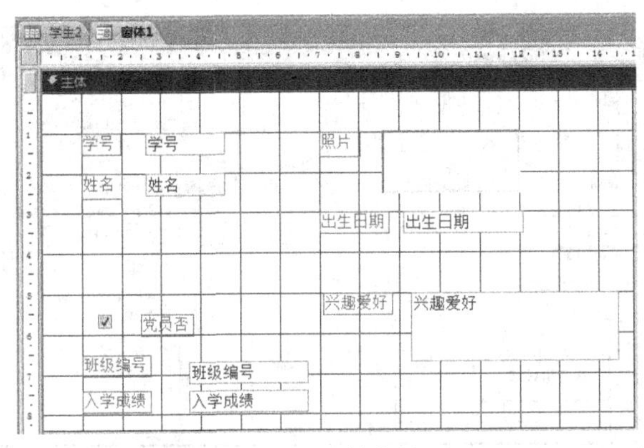

图 9.2　窗体布局

## 实验 9.2　在实验 9.1 创建的窗体设计视图上添加“性别”字段

**实验要求：**“使用控件向导”创建一个选项组控件，用于输入或显示“性别”字段。

### 操作步骤

① 用于选项组的值只能是数字，不能是文本。选中“学生 2”表，单击“开始”选项卡，在数据表视图下，将光标定位到“性别”字段列的任一单元格中，单击“查找”组中的“替换”命令。打开“查找和替换”对话框，在“替换”选项卡中，设置查找内容为“男”，全部替换为 1，查找内容为“女”，全部替换为 0，替换完成后关闭学生 2 表。

② 在窗体设计视图中，添加数据源。选择“窗体设计工具/设计”选项卡“工具”组中的“属性表”按钮。在“属性表”区域中，“所选内容类型”：窗体，“数据”选项卡中“记录源”：学生 2，如图 9.3 所示。

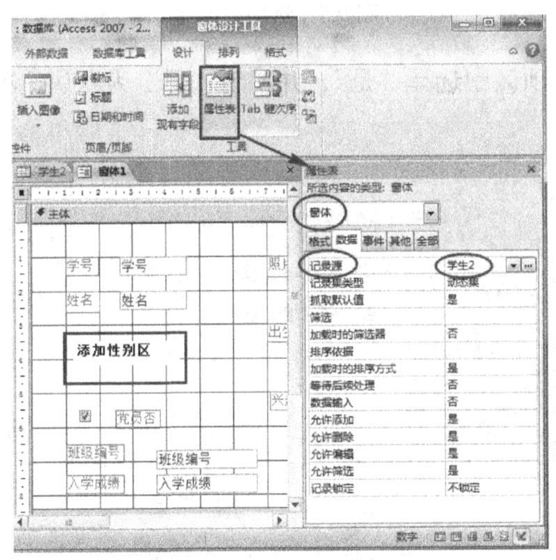

图 9.3　添加“记录源”

③ 返回选择“窗体设计工具/设计”选项卡“工具”组中的“添加现有字段”按钮，选择“学生 2”表中的“性别”字段。然后选择“窗体设计工具/设计”选项卡“控件”组，“使用控件向导”单击控件组中的“选项组”按钮，再在窗体设计视图上单击放置性别选项组的位置，打开“选项组向导”对话框，如图 9.4 所示。

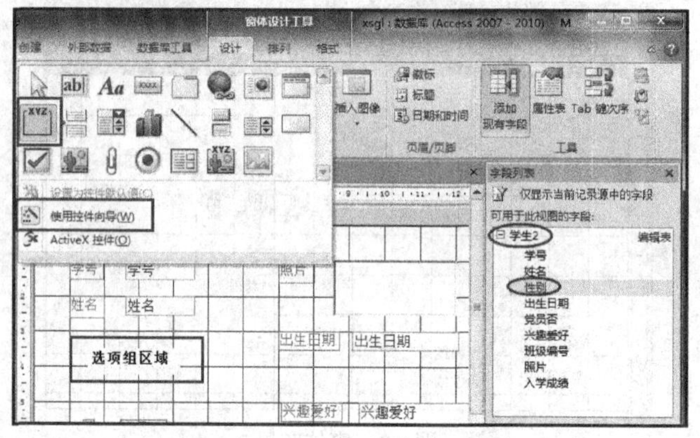


图 9.4 选择“选项组”

④ 在“选项组向导”对话框的“标签名称”列表框中分别输入“男”“女”。单击“下一步”按钮，如图 9.5 所示。

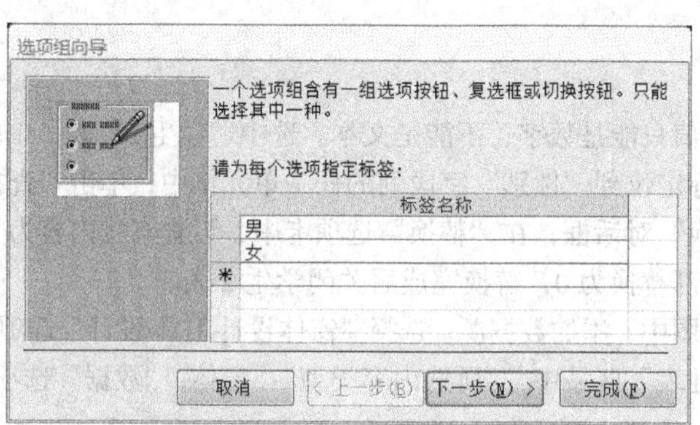


图 9.5 选项组向导

⑤ 在“默认选项”选项区中选择“是”，并指定“男”为默认选项。单击“下一步”按钮，如图 9.6 所示。

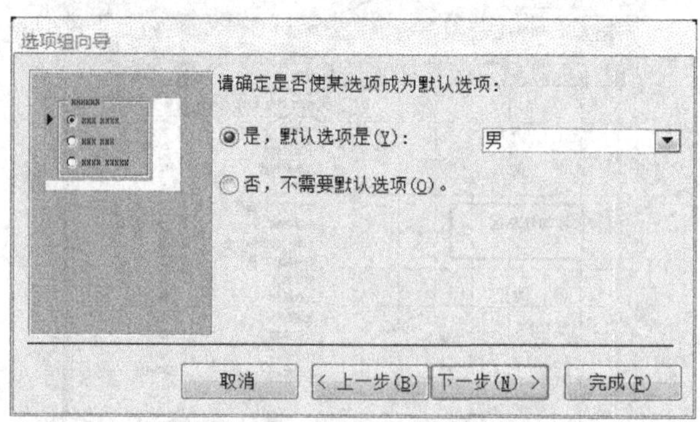


图 9.6 “默认选项”设置

⑥ 在“请为每个选项赋值:”设置“男”选项值为 1，“女”选项值为 0。单击“下一步”按钮，如图 9.7 所示。

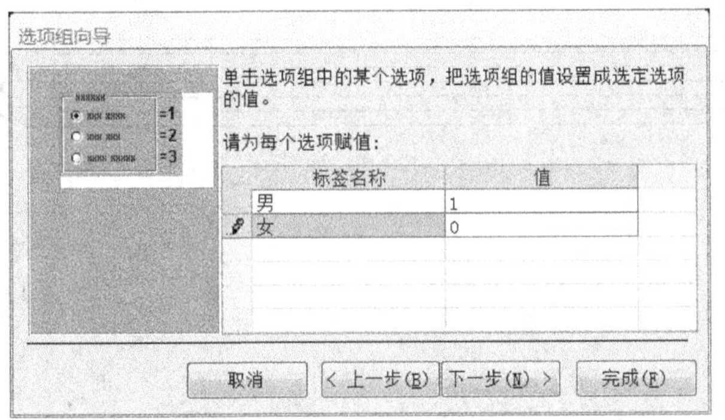


图 9.7　选项赋值

⑦ 在“请确定对所选项的值采取的动作:”中，选中“在此字段中保存该值”选项，并选中“性别”字段。单击“下一步”按钮，如图 9.8 所示。

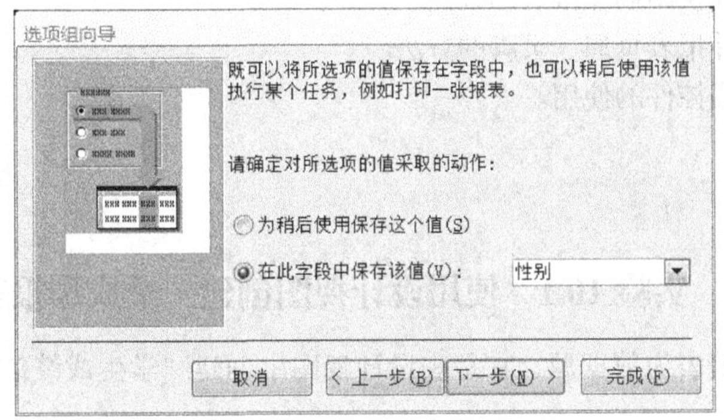


图 9.8　确定选项值的保存字段

⑧ 选择“选项按钮”和“请确定所用样式”中“阴影”，单击“下一步”按钮，如图 9.9 所示。

⑨ 输入选项组的标题为“性别”，如图 9.10 所示，单击“完成”按钮。

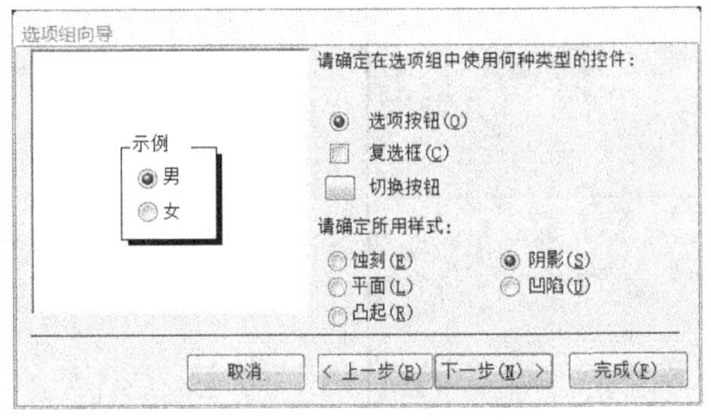


图 9.9　确定控件类型和样式

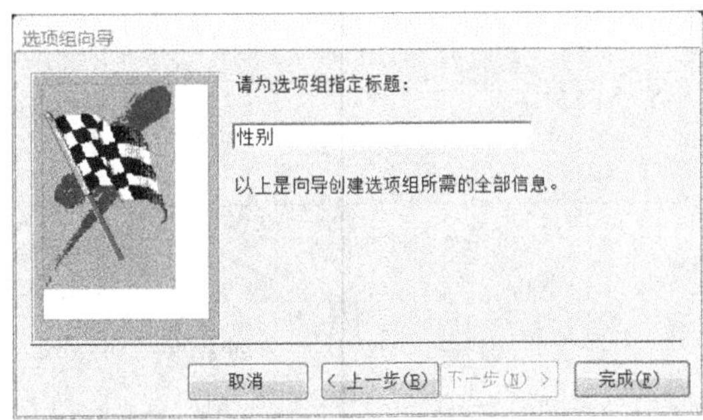


图 9.10　指定选项组标题

# 实验 10 报表

（1）掌握使用设计视图创建报表的方法。

（2）掌握创建设计报表页眉、页脚的方法。

（3）掌握报表常用控件的使用。

## 实验 10.1　使用设计视图创建一个成绩报表

**实验要求**：以成绩表为数据源，在报表设计视图中创建“学生成绩信息”报表，如图 10.1 所示。

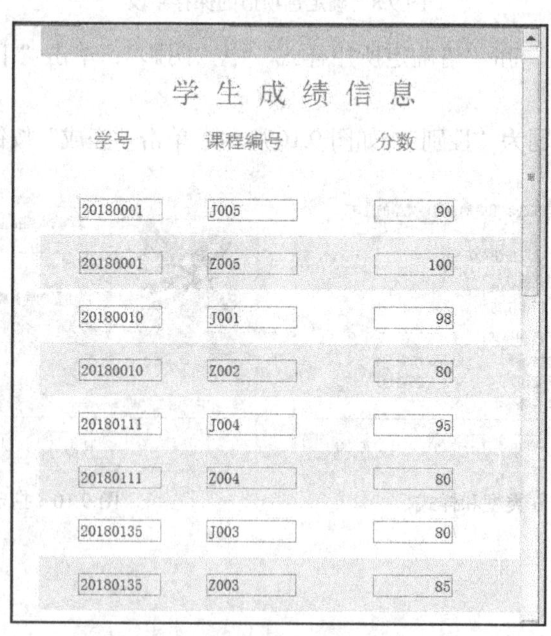

学生成绩信息

| 学号 | 课程编号 | 分数 |
|---|---|---|
| 20180001 | J005 | 90 |
| 20180001 | Z005 | 100 |
| 20180010 | J001 | 98 |
| 20180010 | Z002 | 80 |
| 20180111 | J004 | 95 |
| 20180111 | Z004 | 80 |
| 20180135 | J003 | 80 |
| 20180135 | Z003 | 85 |

图 10.1　“学生成绩信息”报表

## 操作步骤

① 打开“xsgl.accdb”数据库，在“创建”功能区，单击“报表”组上的“报表设计”，打开报表设计视图。

② 在“报表设计工具/设计”的“工具”组中单击“属性表”按钮，打开“属性表”对话框，在“数据”选项卡的“记录源”右侧的下拉列表中选择“成绩”，如图 10.2 所示。

③ 在“报表设计工具/设计”的“工具”组中单击“添加现有字段”按钮，打开“字段列表”窗格，并显示相关字段列表，如图 10.3 所示。

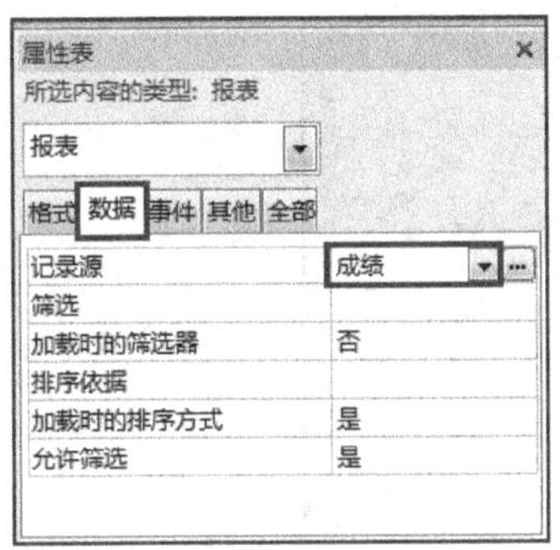


图 10.2　选定记录源

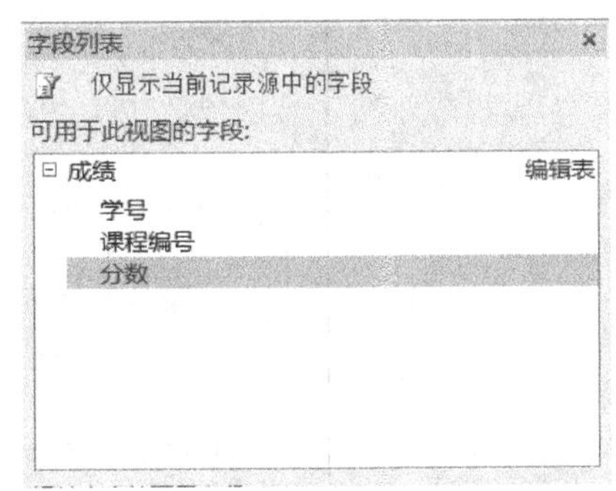


图 10.3　选定字段

④ 在“字段列表”窗格中，把“学号”“课程编号”“成绩”字段，拖到主体节中，使用快捷菜单中的“剪切”“粘贴”命令，将 3 个附加标签移动到“页面页眉”中。按照图 10.4 所示调整各个控件的布局、大小、位置和对齐方式等。

⑤ 在“页面页眉”区中添加一个标签控件，输入标题“学生成绩信息”，设置标题格式为：宋体、字号 20、居中。

⑥ 在快速工具栏中单击“保存”按钮，以“学生成绩信息”报表为名称保存报表。

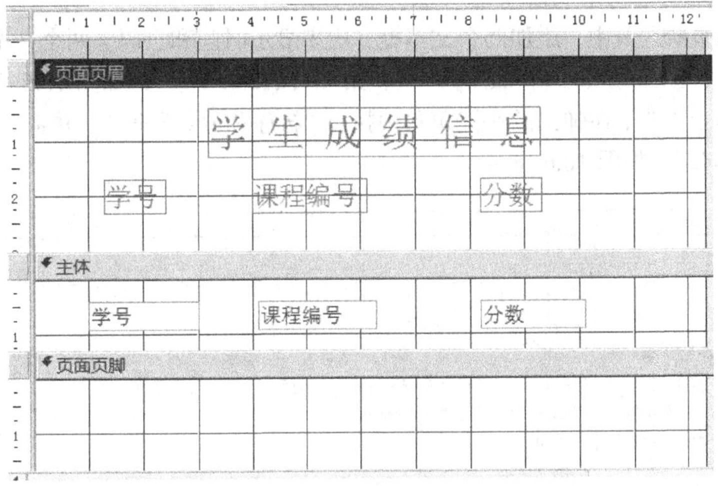


图 10.4　报表设计结果

## 实验 10.2　修改“学生成绩信息”报表

**实验要求：**修改实验 10.1 中创建的“学生成绩信息”报表，修改结果如图 10.5 所示。

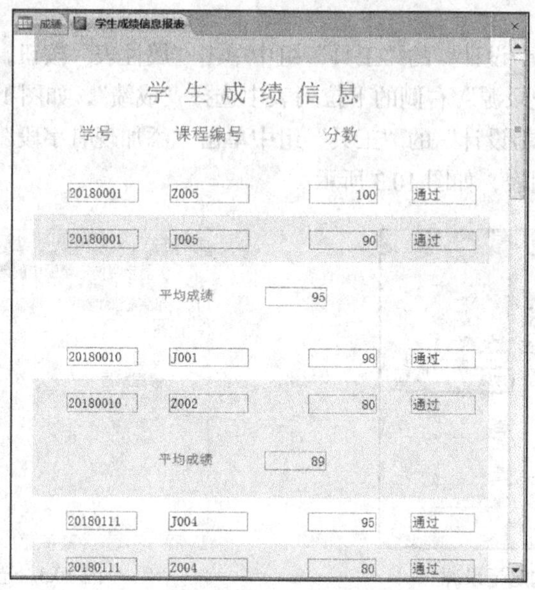

图 10.5　修改后的报表

### 操作步骤

① 打开“学生成绩信息”报表，进入设计视图，在“主体”节的“分数”字段旁添加一个未绑定的文本框控件。

② 打开未绑定文本框的“属性表”窗口，单击“全部”选项卡，设置“控件来源”属性为“=IIF([分数]>=60, "通过", "不及格")”。

③ 在“页面页脚”节中，添加两个文本框，用来显示时间和页码，两个文本框控件的“控件来源”分别为“=NOW()”和“=[Pages]& "页，第"&[Page]& "页"”，如图 10.6 所示。

④ 在任意节上右击，在弹出的快捷菜单中执行“排序和分组”命令，并将“学号”设置为“无页眉节”“有页脚节”，如图 10.6 所示。

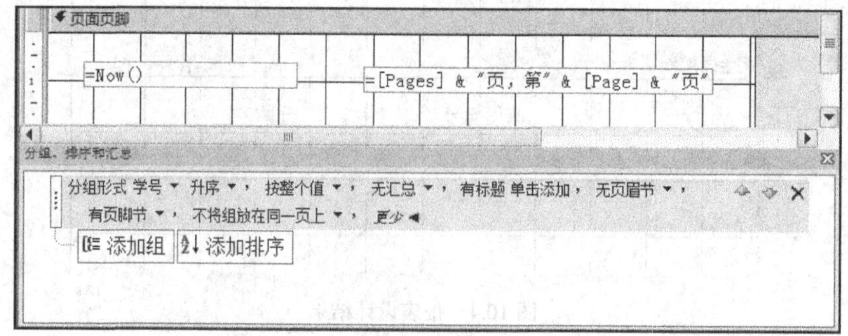

图 10.6　设定分组排序

⑤ 在“学号页脚”节中添加一个文本框，“标题”为“平均成绩”，控件来源为“=Avg([分数])”，

设置结果如图 10.7 所示。

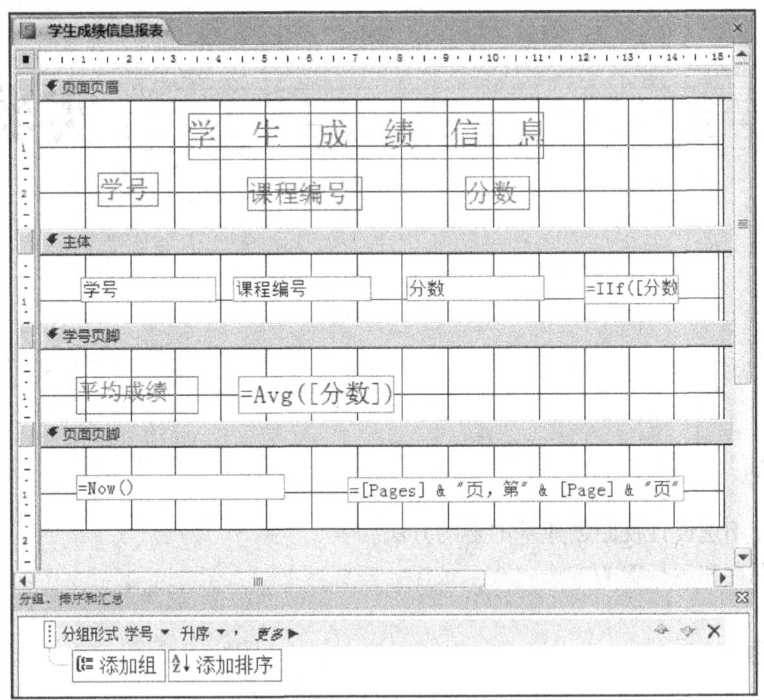


图 10.7　修改后报表设计视图布局

⑥ 保存修改后的报表，并查看报表视图。

# 实验 11
# 宏

## 实验目的

（1）掌握使用宏设计视图创建基本宏的方法。

（2）掌握保存和运行宏的方法。

## 实验内容

### 实验 11.1　创建并运行只有一个操作的宏

**实验要求：**在“xsgl.accdb”数据库中创建宏，功能是打印预览“学生成绩信息报表”。

## 操作步骤

① 打开“xsgl.accdb”数据库，选择“创建→宏与代码”组，单击“宏”按钮，进入宏设计窗口。

② 在“添加新操作”下拉列表中选择 OpenReport 操作，如图 11.1 所示。“操作参数”区中的“报表名称”选择“学生成绩信息报表”，“视图”选择“打印预览”，如图 11.2 所示。

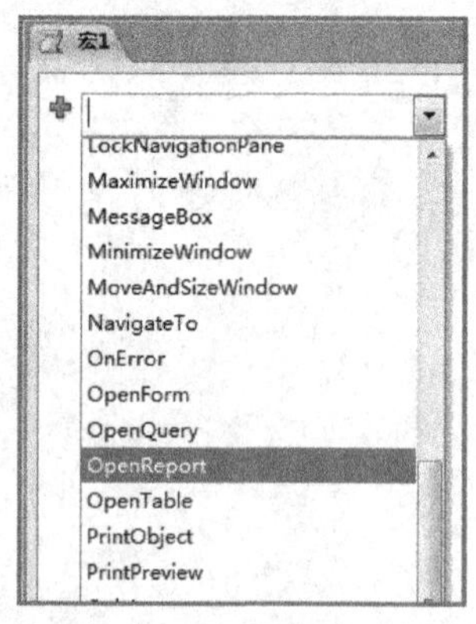


图 11.1　添加新操作

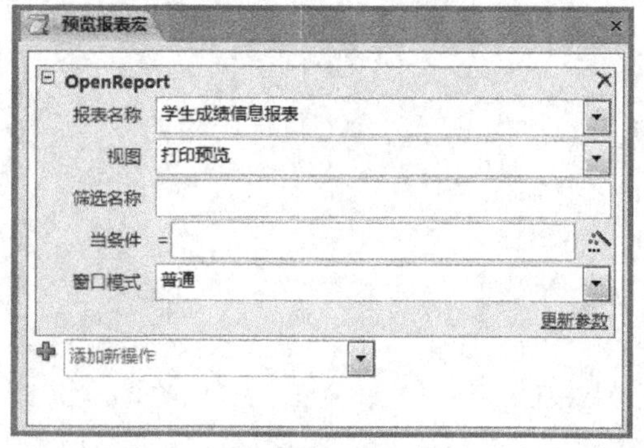


图 11.2　宏

③ 单击“保存”按钮，在“宏名称”文本框中输入“预览报表宏”。

④ 单击“运行”按钮，运行宏。

## 实验 11.2 创建并运行多个操作的宏

**实验要求：**创建宏，功能是打开学生表，打开表前要发出“嘟嘟”声；再关闭“学生”表，关闭前要用消息框提示操作。

### 操作步骤

① 打开“xsgl.accdb”数据库，单击“创建→宏与代码→宏”按钮，进入宏设计窗口。

② 在“添加新操作”列的第 1 行，选择 Beep 操作。

③ 在“添加新操作”列的第 2 行，选择 OpenTable 操作，“操作参数”区中的“表名称”选择学生表。

④ 在“添加新操作”列的第 3 行，选择 MessageBox 操作。在“操作参数”区中的“消息”文本框中输入“确定要关闭表吗？”，其他选择操作如图 11.3 所示。

⑤ 在“添加新操作”列的第 4 行，选择 RunMenuCommand 操作，再选择命令 Close 操作，如图 11.3 所示。

⑥ 保存宏名称为“打开和关闭表”，然后运行宏操作。

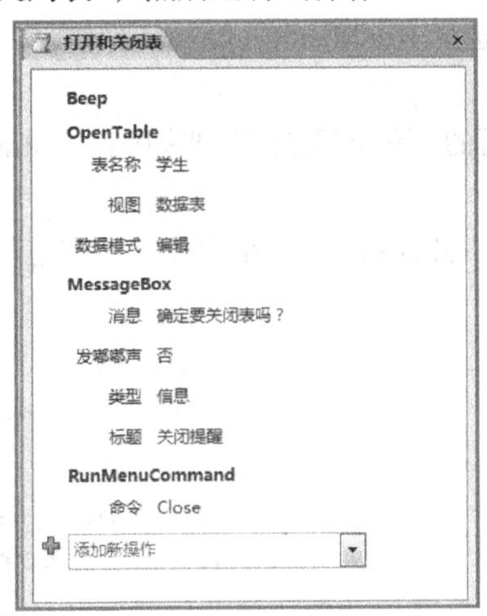


图 11.3 多个操作宏

## 实验 11.3 创建宏组，并运行其中每个宏

**实验要求：**在“xsgl.accdb”数据库中创建宏组，宏 1 的功能与“操作序列宏”的功能一样，宏 2 的功能是打开和关闭“查询 4”，打开前发出“嘟嘟”声，关闭前要用消息框提示操作。

### 操作步骤

① 打开“xsgl.accdb”数据库，单击“创建→宏与代码→宏”按钮，进入宏设计窗口。

② 在“操作目录”窗格中，把程序流程中的 Submacro 拖到“添加新操作”组合框中，在子宏名称文本框中，默认名称为 Subl，把该名称修改为“表操作宏”（也可以双击 Submacro），如图 11.4 所示。

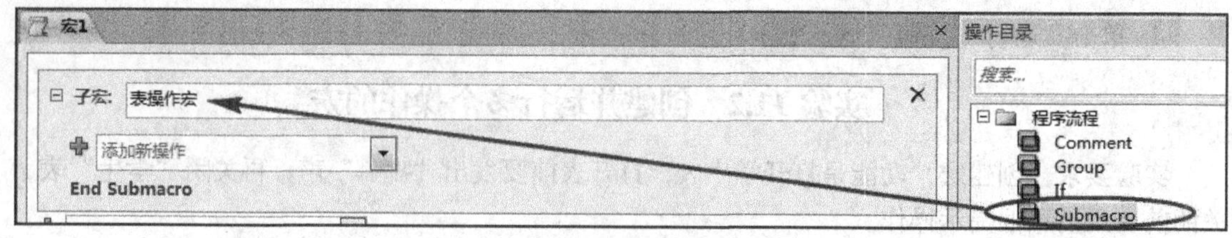


图 11.4　宏设计视图及操作目录

③ 在子宏下的“添加新操作”列，选择 Beep 操作。

④ 在“添加新操作”列，选择 OpenTable 操作，“操作参数”区中的“表名称”选择学生表，“编辑模式”为只读。

⑤ 在“添加新操作”列，选择 MessageBox 操作。在“操作参数”区中的“消息”文本框中输入“关闭表吗？”，其他选择操作如图 11.5（a）所示。

⑥ 在“添加新操作”列，选择 RunMenuCommand 操作，再选择命令 Close，宏 1 的设置结果如图 11.5（a）所示。

⑦ 重复步骤②、步骤③，宏 2 的名称为“查询宏”，如图 11.5（b）所示。

⑧ 在“添加新操作”列，选择 OpenQuery 操作，设置查询名称为“查询 4”，视图为“打印预览”，数据模式为“只读”。

⑨ 在“添加新操作”列，选择 RunMenuCommand 操作，再选择命令 Close，宏 2 的设置结果如图 11.5（b）所示。

⑩ 在子宏“表操作宏”下面的“添加新操作”列表中选中 RunMacro 操作，宏名称行选择“宏组.查询宏”。

⑪ 单击“保存”按钮，在“宏名称”文本框中输入“宏组”，然后运行宏。宏设计视图结果如图 11.5 所示。

（a）

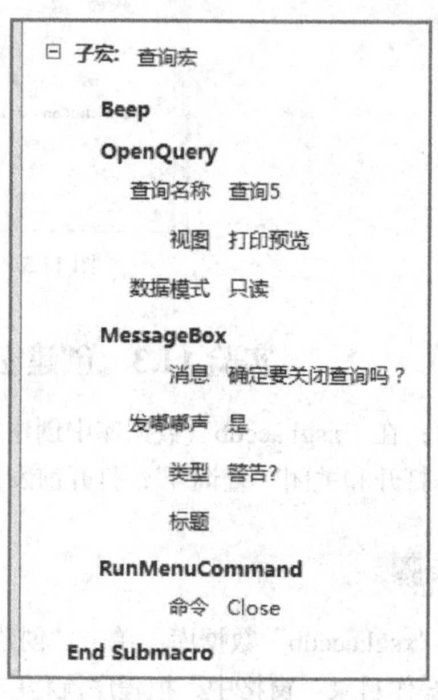


（b）

图 11.5　宏组设计视图

## 实验 11.4　创建并运行条件操作宏

**实验要求：**在“xsgl.accdb”数据库中，创建一个登录验证宏，使用命令按钮运行该宏时，需要对用户验证密码，密码为 111111，只有输入正确才能打开启动窗体，否则弹出消息框，提示用户输入的系统密码错误，结果如图 11.6 所示。

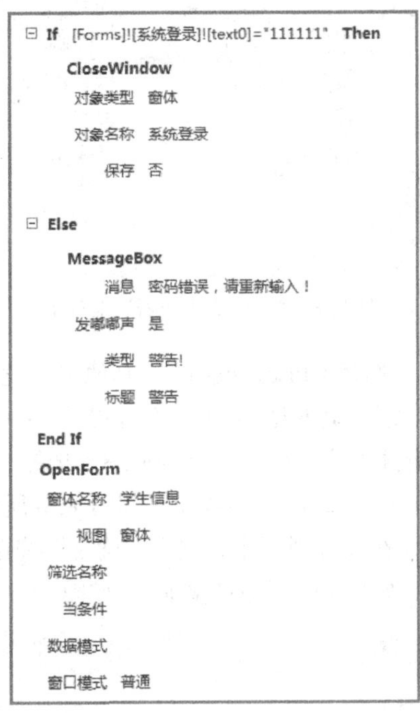


图 11.6　宏设计视图

### 操作步骤

① 在窗体中建立一个窗体名为“系统登录”，其中包含 4 个控件，其中“文本框”名称为“text0”，输入掩码为“密码”，如图 11.7 所示。

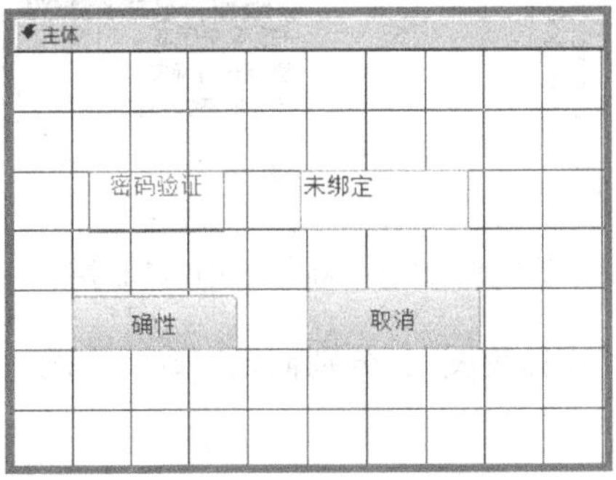

图 11.7　窗体包含控件

② 单击“创建→宏与代码→宏”按钮，打开“宏设计器”，然后打开“表达式生成器”对话框。

③ 在添加新操作中输入“IF”，单击条件表达式文本框右侧的按钮，在“表达式生成器”窗格中，展开“xsgl/Forms/所有窗体”，选择“系统登录”窗体。在“表达式类别”窗格中，双击

Text0，在表达式中输入“="111111"”，如图 11.8 所示。单击“确定”按钮，返回“宏设计器”。

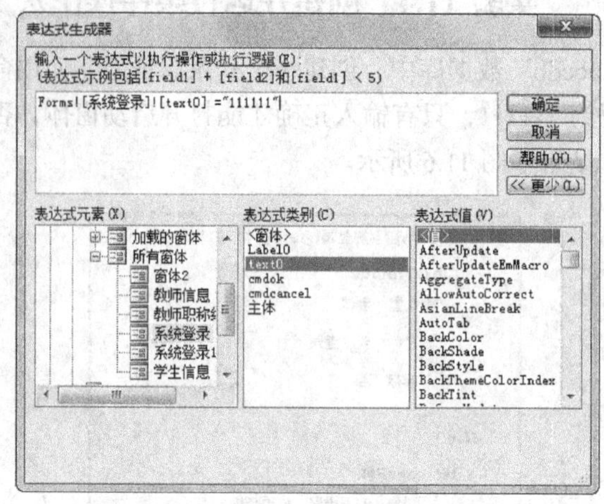


图 11.8 “表达式生成器”对话框

④ 在添加新操作组合框中，选择 Closewindows，其他参数设置如图 11.6 所示。

⑤ 单击“添加新操作”组合框右侧的添加“Else”，在打开的列表中选择 MessageBox，在“消息”中输入“密码错误！请重新输入!”，在类型组合框中，选择“警告!”，其他参数默认。

⑥ 在添加新操作中，选择 OpenForm，各参数设置如图 11.6 所示。保存宏名称为“登录验证”。

⑦ 打开“系统登录”窗体，在设计视图中，选中“确定”按钮，切换到“属性表”对话框中的“事件”选项卡，在“单击”项中选择“登录验证”，如图 11.9 所示。

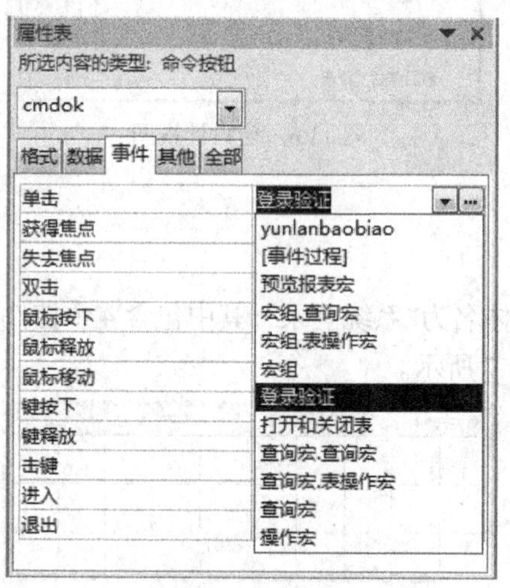


图 11.9 选择“确定”按钮单击事件

⑧ 在“窗体”中，打开“窗体视图”，分别输入正确的密码、错误的密码，单击“确定”按钮，查看结果。

# 实验 12

# VBA（一）

## 实验目的

（1）掌握建立标准模块及窗体模块的方法。

（2）熟悉 VBA 开发环境及数据类型。

（3）掌握常量、变量、函数及其表达式的用法。

（4）掌握程序设计的顺序结构、分支结构、循环结构。

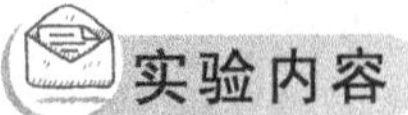

## 实验内容

### 实验 12.1　创建标准模块和窗体模块

**实验要求**：在“xsgl.accdb”数据库中创建一个标准模块 M1 并添加过程 P1，为模块 M1 添加一个子过程 P2。P1 和 P2 过程代码如下。

**P1**：

```
Sub P1()
a=13.6
b=17.9
c=3.8
Msgbox (a+b>c*c)
End sub
```

**P2**：

```
Sub P2()
Dim name As String
name = InputBox("请输入姓名", "输入")
MsgBox "欢迎您" & name & "同学"
End Sub
```

## 操作步骤

① 打开“xsgl.accdb”数据库，单击“创建宏与代码→模块”按钮，打开 VBE 窗口，选择“插入→过程”命令，如图 12.1 所示。

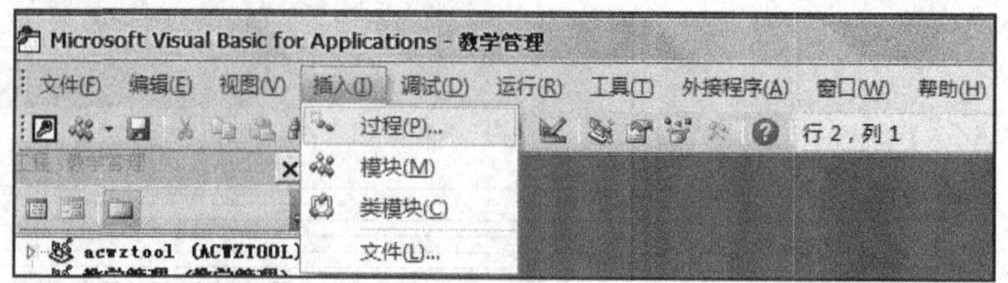

图 12.1　选择“插入→过程”

② 弹出“添加过程”对话框，在代码窗口中输入一个名称为 P1 的子过程，如图 12.2 所示。在 p1 子过程中输入代码，单击“视图→立即窗口”命令，在打开的立即窗口中输入“Call　P1( )”，按回车键，或单击工具栏中的“运行子过程/用户窗体”按钮 ▶，查看运行结果，如图 12.3 所示。

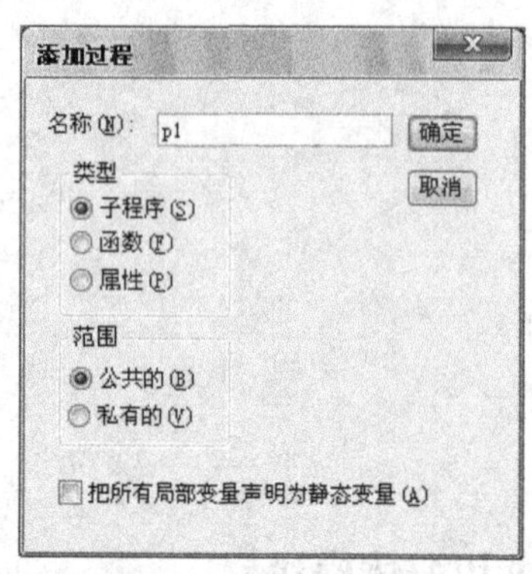

图 12.2　“添加过程”对话框

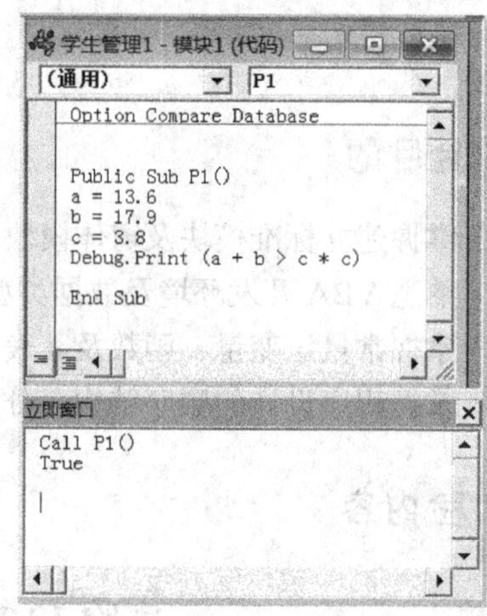

图 12.3　过程 P1 代码及运行结果

③ 单击工具栏中的“保存”按钮，输入模块名称为 M1，保存模块。再单击工具栏中的“视图 Microsoft Access”按钮，返回 Access。

④ 在数据库窗口中，选择“宏与代码→模块”对象，再双击 M1，打开 VBE 窗口。

⑤ 添加过程 P2 并输入子过程 P2 代码（P2 代码内容见实验要求）。

⑥ 单击工具栏中的“运行子过程/用户窗体”按钮，选择运行 P2，输入自己的姓名，确定后得到运行结果，如图 12.4 所示。

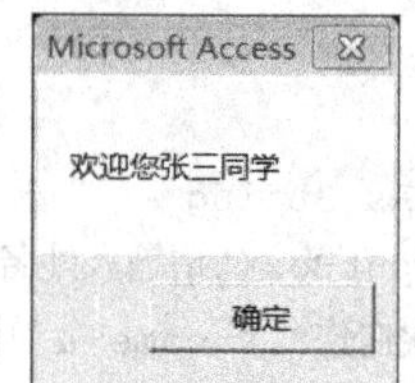

图 12.4　过程 P2 运行结果

⑦ 单击工具栏中的“保存”按钮，保存模块 M1。

## 实验 12.2　掌握 VBA 数据类型（常量、变量、函数及表达式）

**实验要求：**通过 VBA 立即窗口完成以下各个题目。

## 操作步骤

① 填写命令的结果。

```
?10\3                    结果为________1
?10 mod 3                结果为________1
?5*2<=10                 结果为________1
?#2017-01-20#            结果为________1
?"天津"&"商业大学"        结果为________1
?"VBA"+"程序"            结果为________1
?"x*y="&6*7              结果为________1
D1 = #2017-01-01#
D2=a1-42
?D2                      结果为________1
?D1-4                    结果为________1
```

② 填写函数运算结果及其功能。

| 命　令 | 结　果 | 功　能 |
|---|---|---|
| ?int(-7.75) | | |
| ?sqr(16) | | |
| ?sgn(-5) | | |
| ?fix(15.235) | | |
| ?round(15.3451,2) | | |
| ?abs(-5) | | |

③ 填写字符函数运算结果及其功能。

| 命　令 | 结　果 | 功　能 |
|---|---|---|
| ?InStr("ABCD","CD") | | |
| c="Beijing University" | | |
| ?Mid(c,4,3) | | |
| ?Left(c,7) | | |
| ?Right(c,10) | | |
| ?Len(c) | | |
| d="　BA　　" | | |
| ?"V"+Trim(d)+"程序" | | |
| ?"V"+Ltrim(d)+"程序" | | |
| ?"V"+Rtrim(d)+"程序" | | |
| ?"1"+Space(4)+"2" | | |

④ 填写日期与时间函数运算结果及其功能。

| 命　令 | 结　果 | 功　能 |
|---|---|---|
| ?Date() | | |
| ?Time() | | |
| ?Year(Date()) | | |

⑤ 填写转换函数运算结果及其功能。

| 命　令 | 结　果 | 功　能 |
| --- | --- | --- |
| ?Asc("BC")<br>?Chr(67)<br>?Str(100101)<br>?Val("2010.6") | | |

## 实验 12.3　掌握顺序控制结构与输入输出语句的使用

**实验要求**：输入长、宽、高，显示立方体的面积。

① 在数据库窗口中，单击“创建→宏与代码→模块”按钮，打开 VBE 窗口。

② 在 VBE 窗口建立 cube 子过程，子过程 cube 代码如下。

```
Sub Cube ()
    Dim a As Single
    Dim b As Single
    Dim c As Single
    Dim v As Single
    a = InputBox("请输入立方体的长:","输入")
    b = InputBox("请输入立方体的宽:","输入")
    c = InputBox("请输入立方体的高:","输入")
    v = a * b * c
    MsgBox "立方体的体积是: " + Str(v)
End Sub
```

③ 运行过程 Cube，在输入框中，分别输入长 15，宽 10，高 12，则输出的结果为：________。

④ 单击工具栏中的“保存”按钮，输入模块名称为 M2，保存模块。

## 实验 12.4　掌握 IF 选择控制结构

**实验要求**：编写一个过程，从键盘上输入一个数 *X*，如 *X* 能够被 3 整除，输出商；如果 *X* 不能被 3 整除，输出余数。

① 在数据库窗口中，打开 VBE 窗口，双击模块 M2。

② 在代码窗口中添加 Prm1 子过程，过程 Prm1 代码如下。

```
Sub Prm1()
    Dim  x  As  Single
    x = InputBox("请输入 X 的值", "输入")
    If  x mod 3 = 0 Then
        y = x/3
        MsgBox "x=" + Str(x) + "能够被 3 整除，商是" + Str(y)
    Else
        y = x mod 3
        MsgBox "x=" + Str(x) +  "不能被 3 整除，余数是" + Str(y)
    End If
End Sub
```

③ 运行 Prm1 过程，如果在“请输入 X 的值:”中输入 4（回车），则结果为：________。

④ 单击工具栏中的“保存”按钮，保存模块 M2。

## 实验 12.5　掌握 Case 选择结构

**实验要求：**使用选择结构程序设计方法，编写一个子过程，从键盘上输入一个字符，判断输入的是大写字母、小写字母、数字，还是其他特殊字符。

### 操作步骤

① 在数据库窗口中，打开 VBE 窗口，双击模块 M2，添加子过程 Prm2，代码如下。

```
Public Sub Prm2()
  Dim  x  As  String
  Dim  Result  as  String
  x = InputBox("请输入一个字符")
  Select  Case  Asc(x)
    Case  97  To  122
       Result= "小写字母"
    Case  65  To  90
       Result= "大写字母"
    Case  48  To  57
       Result= "数字"
    Case  Else
       Result= "其他特殊字符"
  End  Select
  Msgbox Result
End sub
```

② 反复运行过程 Prm2，分别输入大写字母、小写字母、数字和其他符号，查看运行结果。如果输入的是 A，则运行结果为________。如果输入的是!，则运行结果为________。最后保存模块 M2。

## 实验 12.6　掌握循环结构

**实验要求：**对输入的 10 个整数，分别统计有几个是奇数，有几个是偶数。

### 操作步骤

在数据库窗口中，打开 VBE 窗口，双击模块 M2，建立子过程 Prm3，输入并补充完整代码，运行该过程，最后保存模块 M2，运行结果如图 12.5 所示。

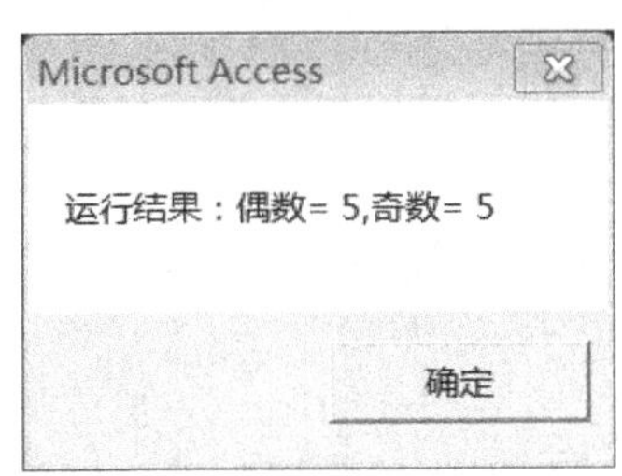


图 12.5　程序运行结果

Prm3()子过程代码如下。

```
Public  Sub  Prm3()
   Dim  num  As  Integer
   Dim  a  As  Integer
   Dim  b  As  Integer
   Dim  i  As  Integer
   For  i= 1  To  10
      num = InputBox("请输入数据:", "输入",1)
      If _______ Then
        a = a + 1
      Else
        b = b + 1
      End If
   Next i
   MsgBox("运行结果: a=" & Str(a) &",b=" & Str(b))
End Sub
```

# 实验 13 VBA（二）

## 实验目的

（1）掌握程序流程的综合应用。

（2）了解 VBA 的过程及参数传递。

（3）掌握变量的定义方法和不同的作用域和生存期。

（4）了解数据库的访问技术。

## 实验内容

### 实验 13.1　程序流程的综合应用

**实验要求：**某次大奖赛有 9 个评委同时为一位选手打分，去掉一个最高分和一个最低分，其余 7 个分数的平均值为该名参赛者的最后得分。

## 操作步骤

① 新建窗体，进入窗体的设计视图。

② 在窗体的主体节中添加一个命令按钮，在属性窗口中将命令按钮的“名称”设置为 DF，“标题”设置为“最后得分”。单击“代码”按钮，进入 VBE 窗口。

③ 输入并补充完整以下事件过程代码。

```
Private Sub DF_Click()
   Dim mark!, aver!, i%, max1!, min1!
   aver = 0
   For i =1 To 9
      mark = InputBox("请输入第" & i & "位评委的打分")
      If  i = 1 Then
         max1 = mark : min1 = mark
      Else
       If mark < min1 Then
          min1 = mark
       ElseIf mark > max1 Then
          ________
       End If
```

```
    End If
   ________
  Next i
  aver = (aver - max1 - min1)/7
  MsgBox aver
End Sub
```

④ 保存窗体，窗体名称为 FormDF，切换至窗体视图，单击“最后得分”按钮，查看程序运行结果。

## 实验 13.2　创建子过程

**实验要求：**填空完成求 $n!$ 的子过程，然后调用它计算 $\sum_{n=1}^{10} n!$ 的值。

### 操作步骤

① 新建一个标准模块 M3，打开 VBE 窗口，输入以下子过程代码。

```
Sub Factor1(n as integer,, p As Long)
  dim i as integer
  p = 1
  for i = 1 to n
  ________p = p * i
  next i
End Sub
Sub Mysum1()
  dim n as integer, p as Long, s as Long
  for n = 1 to 10
   call Factor1(n, p)
    s=s+p
  next n
  Msgbox "结果为:" & s
End Sub
```

② 运行过程 Mysum1，保存模块 M3。

## 实验 13.3　程序流程的综合应用

**实验要求：**阅读下面的程序代码，理解参数传递、变量的作用域与生存期。

### 操作步骤

① 新建窗体，进入“窗体设计”视图，在窗体的主体节中添加一个命令按钮，设置命令按钮的“名称”为 CMD1，单击“查看代码”按钮，进入 VBE 窗口，输入以下代码。

```
Option compare database
Dim x as Integer
Private Sub Form_Load()
  x = 3
End Sub
Private Sub CMD1_Click()
  Static a as integer
```

```
  Dim b as integer
  b = x ^ 2
  Fun1 x, b
  Fun1 x, b
  MsgBox "x = " & x
End Sub
Sub Fun1(ByRef y As Integer, ByVal z As Integer)
  y = y + z
  z = y - z
End Sub
```

② 切换至窗体视图，单击命令按钮，观察程序的运行结果，x= ________。最后保存窗体，窗体名称为 FormCS。

## 实验 13.4 VBA 数据库访问技术

**实验要求：**显示学生表第一条记录的“姓名”字段值。

### 操作步骤

① 在“xsgl.accdb”数据库中，新建一个标准模块，打开 VBE 窗口，输入以下代码。

```
Public Sub Demo()
    Dim cnn As new ADODB. Connection
    Dim rs As new ADODB. Recordset
    Set cnn = CurrentProject.Connection
    Cnn.cursorlocation= aduseclient
    rst.Open "select * from 教师", cnn
    Debug.print "教师共" & rs. Recordcount & "人"
    rs.Filter="性别 = '男'"
    Do Until rs.EOF
        Debug Print rs("教师编号"),rs("姓名")
        Rs.Movenext
    Loop
    rs.close
    cnn.close
    Set rs = Nothing
    Set cnn = Nothing
End Sub
```

② 保存模块：模块名为 M4，运行过程 DemoField，打开立即窗口，观察运行结果。

## 实验 13.5 VBA 数据库访问技术

**实验要求：**对工资表不同职称的职工增加工资，规定教授职称增加 15%，副教授职称增加 10%，其他人员增加 5%。编写程序调整每位职工的工资，并显示所涨工资的总和。

### 操作步骤

① 引用 DAO 对象。

新建模块，打开 VBE 窗口，选择“工具→引用”命令，在“引用”对话框滚动列表，直到找到并勾选 Microsoft DAO 3.6 Object Library，单击“确定”按钮，返回 Access。

② 新建窗体，在窗体的主体节区中添加一个命令按钮，将命令按钮的“名称”设置为CmdAlter，“标题”设为“修改”，单击“查看代码”按钮，切换至VBE窗口中，输入并补充完整以下代码。

```
Private Sub CmdAlter_Click()
Dim ws as DAO.Workspace
Dim db as DAO.Database
Dim rs as DAO.Recordset
Dim gz as DAO.Field
Dim zc as DAO.Field
Dim sum as Currency
Dim rate as Single
Set db = CurrentDb()
Set rs = db.OpenRecordset("工资表")
Set gz = rs.Fields("工资")
Set zc = rs.Fields("职称")
sum = 0
Do While Not ________
  rs.Edit
  Select Case zc
    Case Is = "教授"
      rate = 0.15
    Case Is = "副教授"
      rate = 0.1
    Case else
      rate = 0.05
    End Select
    sum = sum + gz * rate
    gz = gz + gz * rate
    ________
    rs.MoveNext
Loop
rs.Close
db.Close
set rs = Nothing
set db = Nothing
MsgBox "涨工资总计: " & sum
End Sub
```

③ 保存窗体，窗体名称为FormGZ，切换至窗体视图，单击“修改”按钮，观察程序的运行结果。

# 下篇

# 习题集

# 第 1 章 数据库系统概述

1. **单选题**

（1）数据模型反映的是________。

A. 事物本身的数据和相关事物之间的联系

B. 事物本身包含的数据

C. 记录中包含的全部数据

D. 记录本身的数据和相关关系

（2）下列关于 Access 数据库的描述，错误的是________。

A. 由数据库对象和组两部分组成

B. 数据库对象包括：表、查询、窗体、报表、数据访问页、宏、模块

C. 数据库对象放在不同的文件中

D. 关系数据库

（3）关系型数据库管理系统中所谓的关系是指________。

A. 各条记录中的数据彼此有一定的关系

B. 一个数据库文件与另外一个数据库文件之间有一定的关系

C. 数据模型符合满足一定条件的二维表格式

D. 数据库中各个字段之间彼此都有一定的关系

（4）DBMS 是________。

A. 数据库　　B. 数据库系统

C. 数据库管理系统　　D. 数据处理系统

（5）DBS 是指________。

A. 数据　　B. 数据库　　C. 数据库系统　　D. 数据库管理系统

（6）数据库DB、数据库系统DBS、数据库管理系统DBMS三者之间的关系是________。

A. DBS 包括 DB 和 DBMS　　B. DBMS 包括 DB 和 DBS

C. DB 包括 DBS 和 DBMS　　D. DBS 就是 DB，也就是 DBMS

（7）退出 Access 数据库管理系统可以使用________组合键。

A. Alt+F+X　　B. Alt+X　　C. Ctrl+C　　D. Ctrl+O

（8）在数据管理技术的发展过程中，经历了人工管理阶段、文件系统阶段和数据库系统阶段。其中数据独立性最高的阶段是________。

A. 数据库系统　　B. 文件系统　　C. 人工管理　　D. 数据项管理

（9）在关系数据库系统中，当关系的模型改变时，用户程序也可以不变，这是________。

A. 数据的物理独立性　　B. 数据的逻辑独立性

C. 数据的位置独立性　　D. 数据的存储独立性

（10）数据库设计过程中的需求分析主要包括________。

A. 信息需求、处理需求

B. 处理需求、安全性和完整性需求

C. 信息需求、安全性和完整性需求

D. 信息需求、处理需求、安全性和完整性需求

（11）Access 的数据库类型是________。

A. 层次数据库　　B. 网状数据库　　C. 关系数据库　　D. 面向对象数据库

（12）在下列关于数据库系统的叙述中，正确的是________。

A. 数据库中只存在数据项之间的联系

B. 数据库的数据项之间和记录之间都存在联系

C. 数据库的数据项之间无联系，记录之间存在联系

D. 数据库的数据项之间和记录之间都不存在联系

（13）已知某数据模型满足下列条件

① 允许一个以上的节点无双亲

② 一个节点可以有多于一个的双亲

则该数据模型是________。

A. 网状数据模型　　B. 树状数据模型　　C. 层次数据模型　　D. 关系数据模型

（14）在数据库中能够唯一地标识一个元组的属性或者属性的组合称为________。

A. 记录　　B. 字段　　C. 域　　D. 关键字

（15）数据库设计的需求分析阶段主要设计________。

A. 程序流程图　　B. 程序结构图　　C. 框图　　D. 数据流程图

（16）在下列关于数据库管理系统的描述中，正确的是________。

A. 指系统开发人员利用数据库系统资源开发的面向某一类实际应用的软件系统

B. 指位于用户与操作系统之间的数据库管理软件，能方便地定义数据和操纵数据

C. 能实现有组织地、动态地存储大量的相关数据，提供数据处理和信息资源共享

D. 由硬件系统、数据库集合、数据库管理员和用户组成

（17）使用二维表来表示实体以及实体之间联系的数据模型是________。

A. 实体-联系模型　　B. 层次模型　　C. 网状模型　　D. 关系模型

（18）下面关于关系的描述，错误的是________。

A. 关系必须规范化

B. 在同一个关系中不能出现相同的属性名

C. 关系中允许有完全相同的元组

D. 在一个关系中列的次序无关紧要

（19）关系数据库系统能够实现的三种基本关系运算是________。

A. 索引、排序、查询　　B. 建库、输入、输出

C. 选择、投影、联接　　D. 显示、统计、复制

（20）在下列关于关系模型特点的描述中，错误的是________。

A. 在一个关系中元组和列的次序都无关紧要

B. 可以将日常手工管理的各种表格，按照一张表一个关系直接存放到数据库系统中

C. 每个属性必须是不可分割的数据单元，表中不能再包含表

D. 在同一个关系中不能出现相同的属性名

（21）关系数据库系统中管理的关系是________。

A. 一个数据库文件　　B. 若干数据库文件

C. 一个二维表　　D. 若干二维表

（22）关系数据库的任何检索操作都是由 3 种基本运算组合而成的，这 3 种基本运算不包括________。

A. 联接　　B. 关系　　C. 选择　　D. 投影

（23）数据库系统的核心是________。

A. 数据库　　B. 数据库管理系统

C. 数据模型　　D. 软件工具

（24）不同的数据库管理系统支持不同的数据模型，下列________不属于常用的数据模型。

A. 关系模型　　B. 网状模型　　C. 层次模型　　D. 链表模型

（25）在数据库设计过程中，需求分析包括________。

A. 信息需求　　B. 处理需求

C. 安全性和完整性需求　　D. 以上全包括

（26）满足如下条件的数据模型是________。

① 有且仅有一个节点无双亲

② 其他节点有且只有一个双亲

A. 层次数据模型　　B. 关系数据模型　　C. 网状数据模型　　D. 无法判断

（27）数据表中的“行”称为________。

A. 字段　　B. 数据　　C. 记录　　D. 数据视图

（28）按照一定的组织结构方式存储在计算机存储设备上，并能被多个用户共享的相关数据的集合称为________。

A. 数据库　　B. 数据库管理系统

C. 数据库系统　　D. 数据结构

（29）“商品”与“顾客”两个实体集之间的联系一般是________。

A. 一对一　　B. 一对多　　C. 多对一　　D. 多对多

（30）要从学生关系中查询学生的姓名和班级，需要进行的关系运算是________。

A. 选择　　B. 投影　　C. 联接　　D. 求交

（31）常见的数据模型有 3 种，分别是________。

A. 网状、关系和语义　　B. 层次、关系和网状

C. 环状、层次和关系　　D. 字段名、字段类型和记录

（32）下列实体的联系中，属于多对多联系的是________。

A. 学生与课程　　B. 学校与校长

C. 住院的病人与病床　　D. 职工与工资

（33）在关系运算中，投影运算的含义是________。

A. 在基本表中选择满足条件的记录组成一个新的关系

B. 在基本表中选择需要的字段（属性）组成一个新的关系

C. 在基本表中选择满足条件的记录和属性组成一个新的关系

D. 上述说法均是正确的

（34）在现实世界里，每个人都有自己的出生地，实体“人”与实体“出生地”之间的联系是________。

A. 一对一联系　　B. 一对多联系　　C. 多对多联系　　D. 无联系

（35）在关系运算中，选择运算的含义是________。

A. 在基本表中，选择满足条件的元组组成一个新的关系

B. 在基本表中，选择需要的属性组成一个新的关系

C. 在基本表中，选择满足条件的元组和属性组成一个新的关系

D. 以上 3 种说法均是正确的

（36）下列叙述中正确的是________。

A. 数据库系统是一个独立的系统，不需要操作系统的支持

B. 数据库技术的根本目标是解决数据的共享问题

C. 数据库管理系统就是数据库系统

D. 以上 3 种说法都不对

（37）在企业中，职工的“工资级别”与职工个人“工资”的联系是________。

A. 一对一联系　　B. 一对多联系　　C. 多对多联系　　D. 无联系

（38）在超市营业过程中，每个时段要安排一个班组上岗值班，每个收款口要配备两名收款员配合工作，共同使用一套收款设备为顾客服务。在超市数据库中，实体之间属于一对一关系的是________。

A. “顾客”与“收款口”的关系　　B. “收款口”与“收款员”的关系

C. “班组”与“收款员”的关系　　D. “收款口”与“设备”的关系

（39）在教师表中，要找出职称为“教授”的教师，采用的关系运算是________。

A. 选择　　B. 投影　　C. 联接　　D. 自然联接

（40）一间宿舍可住多个学生，则实体宿舍和学生之间的联系是________。

A. 一对一　　B. 一对多　　C. 多对一　　D. 多对多

（41）启动窗体时，系统受限制性的事件过程是________。

A. Load　　B. Click　　C. Unload　　D. GotFocus

（42）在数据管理技术发展的三个阶段中，数据共享最好的是________。

A. 人工管理阶段　　B. 文件系统阶段

C. 数据库系统阶段　　D. 三个阶段相同

（43）在学生表中要查找所有年龄小于 20 岁且姓王的男生，应采用的关系运算是________。

A. 选择　　B. 投影　　C. 联接　　D. 比较

（44）一个工作人员可以使用多台计算机，而一台计算机可被多个人使用，则实体工作人员与计算机之间的联系是________。

A. 一对一　　B. 一对多　　C. 多对多　　D. 多对一

（45）学校图书馆规定，一名旁听生同时只能借一本书，一名在校生同时可以借 5 本书，一名教师同时可以借 10 本书，在这种情况下，读者与图书之间形成了借阅关系，这种借阅关系

是________。

A. 一对一关系　　B. 一对五关系　　C. 一对十关系　　D. 一对多关系

（46）在学生表中要查找所有年龄大于 30 岁姓王的男同学，应该采用的关系运算是________。

A. 选择　　B. 投影　　C. 联接　　D. 自然联接

（47）下列关于 Access 数据库特点的叙述中，错误的是________。

A. 可以支持 Internet/Intranet 应用

B. 可以保存多种类型的数据，包括多媒体数据

C. 可以编写应用程序来操作数据库中的数据

D. 可以作为网状型数据库支持客户机/服务器应用系统

（48）在学生表中要查找年龄大于 18 岁的男学生，所进行的操作属于关系运算中的________。

A. 投影　　B. 选择　　C. 联接　　D. 自然联接

（49）数据库系统中最早出现的数据模型、用树形结构表示各类实体以及实体之间的联系的模型是________。

A. 层次数据模型　　B. 网状数据模型　　C. 关系数据模型　　D. 面向对象数据库

（50）层次模型的定义是________。

A. 有且仅有一个节点无双亲

B. 可以有一个以上节点无双亲

C. 有且仅有一个节点无双亲且其他节点有且仅有一个双亲

D. 有且仅有一个节点无双亲或其他节点有且仅有一个双亲

**2. 填空题**

（1）数据是反映客观事物存在方式和运动状态的________，是信息的________。

（2）信息是有用的________。

（3）数据是信息的________。

（4）数据管理技术发展过程经过人工管理、文件系统和数据库系统三个阶段，其中数据独立性最高的阶段是________。

（5）数据库是以一定的组织方式将相关的数据组织在一起，长期存放在计算机内，可为多个用户共享、与应用程序彼此独立、统一管理的________。

（6）数据库常用的数据模型有层次模型________、________、________和________。

（7）数据库管理系统通常由________、________和________组成。

（8）数据库系统通常由________、________、________和________组成。

（9）数据库系统的三级模式结构由________、________和________组成。

（10）数据的三个范畴是________、________和________。

（11）________软件具有数据的安全性控制、数据的完整性控制、并发性控制和故障恢复功能。

（12）性质相同的同类实体的集合，称为________。

（13）数据库概念结构设计的核心内容是________。

（14）________是对关系中元组的唯一性约束，也就是对关系的主码或主键的约束。

（15）若想设计一个性能良好的数据库，就要尽量满足________原则。

（16）把实体-联系模型转换为关系模型，实体之间多对多联系在关系模型中是通过________实现的。

（17）表之间的关联关系就是通过主键与________作为纽带实现关联的。

（18）用二维表的形式来表示实体之间联系的数据模型称为________。

（19）DBMS 的意思是________。

（20）在关系模型中，操作的对象和结果都是________。

（21）对关系进行选择、投影和连接运算，其运算结果仍是________。

（22）关系数据库的表中，每一行为一条________。

（23）在关系数据库模型中，二维表的列称为属性，二维表的行称为________。

（24）在关系数据库中，把数据表示成二维表，每一个二维表称为________。

（25）关系数据库中，关系亦称为________，元组亦称为________，属性亦称为________。

（26）关系数据库中，两个关系间的联系通过实现________。

（27）关系代数运算中，基本的运算是________、________、________。

### 3. 简答题

（1）信息和数据有什么区别？

（2）数据处理的目的是什么？

（3）简述数据管理技术的几个发展阶段。

（4）什么是数据库？

（5）什么是数据库管理系统？

（6）数据库管理系统的功能是什么？

（7）数据库管理系统由哪几部分组成？

（8）数据库应用系统的主要组成部分是什么？

（9）什么是数据模型？

（10）有几种常用的数据模型？

（11）关系模型的主要特点是什么？

（12）什么是关系数据库？

（13）请列举出几个关系型数据库管理系统。

（14）试述数据库的三级模式结构。

（15）数据库设计的任务是什么？

（16）数据库设计步骤是什么？

# 第2章 Access 2010 基础

1. **单选题**

（1）显示或隐藏工具栏要先选择________菜单选项。

A. 文件　B. 工具　C. 编辑　D. 插入

（2）数据库文件中包含对象________。

A. 表　B. 查询　C. 窗体　D. 以上都包含

（3）Access 中表和数据库的关系是________。

A. 一个数据库中包含多个表　B. 一个表只能包含两个数据库

C. 一个表可以包含多个数据库　D. 一个数据库只能包含一个表

（4）关系数据库中的表不必具有的性质是________。

A. 数据项不可再分

B. 同列数据项要具有相同的数据类型

C. 记录的顺序可以任意排列

D. 字段的顺序不能任意排列

（5）一个 Access 数据库包含 3 个表、5 个查询和两个窗体、两个数据访问页，则该数据库一共需要________个文件进行存储？

A. 12　B. 10　C. 3　D. 1

（6）以下说法错误的是________。

A. 先启动 Access 系统窗口才能打开其数据库窗口

B. 在 Access 系统窗口中只有一个数据库为当前数据库

C. Access 系统的数据库由 7 个对象构成

D. 数据库窗口是 Access 系统窗口的一部分

（7）Access 的数据库类型是________。

A. 层次数据库　B. 网状数据库　C. 关系数据库　D. 面向对象数据库

（8）下列关于数据库设计的叙述，错误的是________。

A. 在进行设计时，要遵从概念单一化“一事一地”原则，需要将有联系的实体设计成一个表

B. 避免在一个表中出现重复字段

C. 设计数据库的目的实质上是设计出满足实际应用需求的实际关系模型

D. 设计表时，表中的字段必须是原始数据

（9）下列描述错误的是________。

A. 数据库访问页是数据库的访问对象，它和其他的数据库对象的性质是相同的

B. Access 通过数据访问页只能发布静态数据

C. Access 通过数据访问页能发布数据库中保存的数据

D. 数据库访问页可以通过 IE 浏览器打开

（10）利用 Access 创建的数据库文件，其扩展名为________。

A. .ADP　　B. .DBF　　C. .FRM　　D. .MDB

（11）在以下叙述中，正确的是________。

A. Access 只能使用系统菜单创建数据库应用系统

B. Access 不具备程序设计能力

C. Access 只具备模块化程序设计能力

D. Access 具有面向对象的程序设计能力，并能创建复杂的数据库应用系统

（12）不是 Office 应用程序组件的软件是________。

A. Oracle　　B. Excel　　C. Word　　D. Access

（13）数据访问页是一种独立于 Access 数据库的文件，该文件的类型是________。

A. TXT 文件　　B. HTML 文件　　C. ACCDB 文件　　D. DOC 文件

（14）在 Access 数据库对象中，体现数据库设计目的的对象是________。

A. 报表　　B. 模块　　C. 查询　　D. 表

（15）下列关于 Access 数据库特点的叙述中，错误的是________。

A. 可以支持 Internet/Intranet 应用

B. 可以保存多种类型的数据，包括多媒体数据

C. 可以通过编写应用程序来操作数据库中的数据

D. 可以作为网状型数据库支持客户机/服务器应用系统

（16）在 Access 数据库中，表就是________。

A. 关系　　B. 记录　　C. 索引　　D. 数据库

（17）Access 能处理的数据包括________。

A. 数字　　B. 文字

C. 图片、动画、音频　　D. 以上均可以

（18）以下________操作不能退出 Access。

A. 执行“文件→退出”命令　　B. 按 Alt+F4 组合键

C. 按 Esc 键　　D. 按 Ctrl+Alt+Del 组合键

（19）Access 任务窗格包括________功能。

A. 新建文件　　B. 文件搜索　　C. 剪贴板　　D. 以上皆是

（20）在 Access 中，可以使用菜单下的数据库使用________进行 Access 数据库版本的转换。

A. 文件　　B. 视图　　C. 工具　　D. 编辑

**2. 填空题**

（1）在 Access 2010 主窗口中，从________选项卡中选择“打开”命令可以打开一个数据库文件。

（2）在 Access 2010 中，所有对象都存放在一个扩展名为________的数据库文件中。

（3）空数据库是指该文件中________。

（4）在 Access 2010 中，数据库的核心对象是________。

（5）在 Access 2010 中，用于和用户进行交互的数据库对象是________。

（6）在 Access 2010 中要对数据库设置密码，必须以________方式打开数据库。

3. 简答题

（1）Access 2010 的启动和退出各有哪些方法?

（2）Access 2010 的主窗口由哪几部分组成?

（3）Access 2010 导航窗格有何特点?

（4）Access 2010 功能区有何优点?

（5）在 Access 2010 中建立数据库的方法有哪些?

# 第3章 表

1. **单选题**

（1）打开 Access 数据库时，应打开扩展名为________的文件。

A. mda　　B. accdb　　C. mde　　D. DBF

（2）能够使用“输入掩码向导”创建输入掩码的字段类型是________。

A. 数字和日期/时间　　B. 文本和货币　　C. 文本和日期/时间　　D. 数字和文本

（3）Access 数据库表中的字段可以定义有效性规则，有效性规则是________。

A. 控制符　　B. 文本　　C. 条件　　D. 前三种说法都不对

（4）可以输入任何一个字符或者空格的输入掩码是________。

A. 0　　B. #　　C. &　　D. C

（5）Access 表中字段的数据类型不包括________。

A. 文本　　B. 备注　　C. 通用　　D. 日期/时间

（6）利用 Access 中记录的排序规则，对下列文字进行降序排序后的先后顺序应该是________。

A. 数据库管理　等级考试　Access　aCCESS

B. 数据库管理　等级考试　aCCESS　Access

C. Access　aCCESS　等级考试　数据库管理

D. aCCESS　Access　等级考试　数据库管理

（7）有关字段属性，以下叙述错误的是________。

A. 字段大小可用于设置文本、数字或者自动编号等类型字段的最大容量

B. 可对任意类型的字段设置默认值属性

C. 有效性规则属性是用于限制此字段输入值的表达式

D. 不同的字段类型，其字段属性有所不同

（8）必须输入任一字符或者空格的输入掩码是________。

A. 0　　B. &　　C. A　　D. C

（9）在数据库中，能维系表之间关联的是________。

A. 关键字　　B. 域　　C. 外部关键字　　D. 记录

（10）如果一个数据表中存在完全一样的元组，则该数据表________。

A. 存在数据冗余

B. 不是关系数据模型

C. 数据模型采用不当

D. 数据库系统的数据控制功能不好

（11）Access 2010 数据库中不存在的数据类型是_______。

A. 文本　　B. 数字　　C. 通用　　D. 日期/时间

（12）输入数据时，如果希望输入的格式标准保持一致，或希望检查输入时的错误，可以_______。

A. 控制字段大小　　B. 设置默认值

C. 定义有效性规则　　D. 设置输入掩码

（13）下列选项中错误的字段名是_______。

A. 已经发出货物客户　　B. 通信地址~1

C. 通信地址.2　　D. 1 通信地址

（14）关于字段名称，正确的是_______。

A. 选课 ID'　　B. 联系电话.1　　C. 联系地址[1]　　D. 联系地址【1】

（15）下列选项中，正确的字段名称是_______。

A. Student.ID　　B. Student[ID]　　C. Student_ID　　D. Student`ID

（16）定位最后一条记录中最后一个字段的快捷键是_______。

A. Ctrl+下箭头　　B. 下箭头　　C. Ctrl+Home　　D. Ctrl+End

（17）在工资表中存在如下字段：基本工资、奖金、津贴、房租、应发工资、其他应扣、实发工资。其中，应发工资=基本工资+奖金－房租，实发工资=应发工资-其他应扣，则下列描述最合适的选项是_______。

A. 对于表来说，通常情况下，不必将计算结果存储在表中，对于能够经过推导得到的数据，不必作为基本数据存在于数据库中，因此实发工资没有必要在数据库中存在。而由应发工资得到实发工资，应发工资可以存在数据库中

B. 该表中的数据都是基本元素，因此该表的设计比较合理

C. 对于本表来说，应当将津贴和奖金合并，因为对于表来说，应当减小冗余

D. 对于表来说，通常情况下，不必将计算结果存储在表中，对于能够经过推导得到的数据，不必作为基本数据存在于数据库中，因此实发工资和应发工资都没有必要在数据库中存在

（18）以下关于货币数据类型的叙述，错误的是_______。

A. 向货币字段输入数据时，系统自动将其设置为 4 位小数

B. 可以和数值型数据混合计算，结果为货币型

C. 字段长度是 8 字节

D. 向货币字段输入数据时，不必键入美元符号和千位分隔符

（19）假设某数据库表中有一个姓名字段，查找姓李的记录的准则是_______。

A. Not"李*"　　B. Like "李"

C. Left([姓名], 1)="李"　　D. "李"

（20）必须输入 0~9 的数字的输入掩码是_______。

A. 0　　B. &　　C. A　　D. C

（21）能够使用输入掩码设定控件的输入格式是_______。

A. 文本型或数字型　　B. 文本型或日期型

C. 数字型或日期型　　D. 数字型或货币型

（22）假设数据库中表 A 和表 B 建立了“一对多”关系，表 B 为“多”的一方，则下述说法中正确的是_______。

A. 表 A 中的一个记录能与表 B 中的多个记录匹配

B. 表 B 中的一个记录能与表 A 中的多个记录匹配

C. 表 A 中的一个字段能与表 B 中的多个字段匹配

D. 表 B 中的一个字段能与表 A 中的多个字段匹配

（23）在关于输入掩码的叙述中，错误的是_______。

A. 在定义字段的输入掩码时，既可以使用输入掩码向导，也可以直接使用字符

B. 定义字段的输入掩码，是为了设置密码

C. 输入掩码中的字段 0 表示可以选择输入数字 0~9 的一个数

D. 直接使用字符定义输入掩码时，可以根据需要将字符组合起来

（24）下面说法中，错误的是_______。

A. 文本型字段，最长为 255 个字符

B. 要得到一个计算字段的结果，仅能运用总计查询来完成

C. 在创建一对一关系时，要求两个表的相关字段都是主关键字

D. 创建表之间的关系时，正确的操作是关闭所有打开的表

（25）在已经建立的数据表中，若在显示表中内容时使某些字段不能移动显示位置，可以使用的方法是_______。

A. 排序　　B. 筛选　　C. 隐藏　　D. 冻结

（26）如果表 A 中的一条记录与表 B 中的多条记录相匹配，且表 B 中的一条记录与表 A 中的多条记录相匹配，则表 A 与表 B 存在的关系是_______。

A. 一对一　　B. 一对多　　C. 多对一　　D. 多对多

（27）在 Access 表中，可以定义 3 种主关键字，它们是_______。

A. 单字段、双字段和多字段　　B. 单字段、双字段和自动编号

C. 单字段、多字段和自动编号　　D. 双字段、多字段和自动编号

（28）表的组成内容包括_______。

A. 查询和字段　　B. 字段和记录　　C. 记录和窗体　　D. 报表和字段

（29）在数据表视图中，不能_______。

A. 修改字段的类型　　B. 修改字段的名称

C. 删除一个字段　　D. 删除一条记录 C

（30）以下关于 Access 表的叙述中，正确的是_______。

A. 表一般包含一到两个主题的信息

B. 表的数据表视图只用于显示数据

C. 表设计视图的主要工作是设计表的结构

D. 在表的数据表视图中，不能修改字段名称

（31）以下关于空值的叙述中，错误的是_______。

A. 空值表示字段还没有确定值

B. Access 使用 NULL 来表示空值

C. 空值等于空字符串

D. 空值不等于数值 0

（32）使用表设计器定义表中字段时，不是必须设置的内容是_______。

A．字段名称　　B．数据类型　　C．说明　　D．字段属性

（33）一个关系数据库的表中有多条记录，记录之间的相互关系是_______。

A．前后顺序不能任意颠倒，一定按照输入的顺序排列

B．前后顺序可以任意颠倒，不影响库中的数据关系

C．前后顺序可以任意颠倒，但排列顺序不同，统计处理结果可能不同

D．前后顺序不能任意颠倒，一定要按照关键字值的顺序排列

（34）邮政编码是由 6 位数字组成的字符串，为邮政编码设置的输入掩码，正确的是_______。

A．000000　　B．999999　　C．CCCCCC　　D．LLLLLL

（35）如果字段内容为声音文件，则该字段的数据类型应定义为_______。

A．文本　　B．备注　　C．超链接　　D．OLE 对象

（36）要求主表中没有相关记录时就不能将记录添加到相关表中，则应该在表关系中设置_______。

A．参照完整性　　B．有效性规则　　C．输入掩码　　D．级联更新相关字段

（37）冒泡排序在最坏情况下的比较次数是_______。

A．$n(n+1)/2$　　B．$n\log2n$　　C．$n(n-1)/2$　　D．$n/2$

（38）在 Access 数据库中，为了保持表之间的关系，要求在子表（从表）中添加记录时，如果主表中没有与之相关的记录，则不能在子表（从表）中添加该记录，为此需要定义的关系是_______。

A．输入掩码　　B．有效性规则　　C．默认值　　D．参照完整性

（39）在 Access 数据库的表设计视图中，不能进行的操作是_______。

A．修改字段类型　　B．设置索引　　C．增加字段　　D．删除记录

（40）“教学管理”数据库中有学生表、课程表和选课表，为了有效地反映这三张表中数据之间的联系，在创建数据库时应设置_______。

A．默认值　　B．有效性规则　　C．索引　　D．表之间的关系

（41）Access 数据库中，为了保持表之间的关系，要求在主表中修改相关记录时，子表相关记录随之更改。为此需要定义参照完整性关系的_______。

A．级联更新相关字段　　B．级联删除相关字段

C．级联修改相关字段　　D．级联插入相关字段

（42）如果输入掩码设置为“L”，则在输入数据时，该位置上可以接受的合法输入是_______。

A．必须输入字母或数字　　B．可以输入字母、数字或空格

C．必须输入字母 A~Z　　D．任意符号

（43）定义字段默认值的含义是_______。

A．不得使该字段为空

B．不允许字段的值超出某个范围

C．在未输入数据之前系统自动提供的数值

D．系统自动把小写字母转化为大写字母

（44）若设置字段的输入掩码为“####-######”，该字段正确的输入数据是_______。

A．0755-123456　　B．0755-abcdef　　C．abcd-123456　　D．####-######

（45）对数据表进行筛选操作，结果是_______。

A. 只显示满足条件的记录，将不满足条件的记录从表中删除

B. 显示满足条件的记录，并将这些记录保存在一个新表中

C. 只显示满足条件的记录，不满足条件记录被隐藏

D. 将满足条件的记录和不满足条件的记录分为两个表显示

（46）在 Access 的数据表中删除一条记录，被删除的记录________。

A. 可以恢复到原来位置　　B. 被恢复为最后一条记录

C. 被恢复为第一条记录　　D. 不能恢复

（47）在 Access 中，参照完整性规则不包括________。

A. 更新规则　　B. 查询规则　　C. 删除规则　　D. 插入规则

（48）在数据库中，建立索引的主要作用是________。

A. 节省存储控件　　B. 提高查询速度　　C. 便于管理　　D. 防止数据丢失

（49）数据库中有 A、B 两表，均有相同字段 C，在两表中 C 字段都设为主键。当通过 C 字段建立两表关系时，则该关系为________。

A. 一对一　　B. 一对多　　C. 多对多　　D. 不能建立关系

（50）如果在创建表中建立字段“性别”，并要求用汉字表示，其数据类型应当是________。

A. 是/否　　B. 数字　　C. 文本　　D. 备注

（51）下列关于空值的叙述中，正确的是________。

A. 空值是双引号中间没有空格的值

B. 空值是等于 0 的数值

C. 空值是使用 Null 或空白来表示字段的值

D. 空值是用空格表示的值

（52）某宾馆中有单人间和双人间两种客房，按照规定，每位入住该宾馆的客人都要进行身份登记。宾馆数据中有客房信息表（楼号，房间号……）和客人信息表（身份证号，姓名……）；为了反映客人入住客房的情况，客房信息表与客人信息表之间的联系应设计为________。

A. 一对一联系　　B. 一对多联系　　C. 多对多联系　　D. 无联系

（53）下列关于 OLE 对象的叙述中，正确的是________。

A. 用于输入文本数据

B. 用于处理超级链接数据

C. 用于生成自动编号数据

D. 用于链接或内嵌 Windows 支持的对象

（54）在关系窗口中，双击两个表之间的连接线，会出现________。

A. 数据表分析向导　　B. 数据关系图窗口

C. 连接线粗细变化　　D. 编辑关系对话框

（55）在设计表时，若输入掩码属性设置为“LLLL”，则能够接收的输入是________。

A. abcd　　B. 1234　　C. AB+C　　D. ABa9

（56）在数据表中筛选记录，操作的结果是________。

A. 将满足筛选条件的记录存入一个新表中

B. 将满足筛选条件的记录追加到一个表中

C. 将满足筛选条件的记录显示在屏幕上

D. 用满足筛选条件的记录修改另一个表中已存在的记录

（57）下列对数据输入无法起到约束作用的是______。

A. 输入掩码　　B. 有效性规则

C. 字段名称　　D. 数据类型

（58）在 Access 中，设置为主键的字段______。

A. 不能设置索引　　B. 可设置为“有（有重复）”索引

C. 系统自动设置索引　　D. 可设置为“无”索引

（59）输入掩码字符“&”的含义是______。

A. 必须输入字母或数字　　B. 可以选择输入字母或数字

C. 必须输入一个任意的字符或一个空格　　D. 可以选择输入任意的字符或一个空格

（60）在 Access 中，不想显示数据表中的某些字段，可以使用的命令是______。

A. 隐藏　　B. 删除　　C. 冻结　　D. 筛选

（61）通配符“#”的含义是______。

A. 通配任意个数的字符　　B. 通配任何单个字符

C. 通配任意个数的数字字符　　D. 通配任何单个数字字符

（62）要求在文本框中输入文本时显示密码“*”的效果，应该设置的属性是______。

A. 默认值　　B. 有效性文本　　C. 输入掩码　　D. 密码

（63）下列关于货币数据类型的叙述中，错误的是______。

A. 货币型字段在数据表中占 8 字节的存储空间

B. 货币型字段可以与数字型数据混合计算，结果为货币型

C. 向货币型字段输入数据时，系统自动将其设置为 4 位小数

D. 向货币型字段输入数据时，不必输入人民币符号和千位分隔符

（64）若将文本型字段的输入掩码设置为“###-######”，则正确的输入数据是______。

A. 0755-abcdef　　B. 077 -12345

C. acd -123456　　D. ####-######

（65）下列关于字段属性的叙述中，正确的是______。

A. 可对任意类型的字段设置“默认值”属性

B. 定义字段默认值的含义是该字段值不允许为空

C. 只有文本型数据能够使用“输入掩码向导”

D. “有效性规则”属性只允许定义一个条件表达式

（66）在 Access 中对表进行“筛选”操作的结果是______。

A. 从数据中挑选出满足条件的记录

B. 从数据中挑选出满足条件的记录并生成一个新表

C. 从数据中挑选出满足条件的记录并输出到一个报表中

D. 从数据中挑选出满足条件的记录并显示在一个窗体中

（67）在 Access 数据库中，表由______。

A. 字段和记录组成　　B. 查询和字段组成

C. 记录和窗体组成　　D. 报表和字段组成

（68）可以插入图片的字段类型是______。

A. 文本　　B. 备注　　C. OLE 对象　　D. 超链接

（69）输入掩码字符“C”的含义是______。

A. 必须输入字母或数字

B. 可以选择输入字母或数字

C. 必须输入一个任意的字符或一个空格

D. 可以选择输入任意的字符或一个空格

（70）假设学生表已有年级、专业、学号、姓名、性别和生日 6 个属性，其中可以作为主关键字的是_______。

A. 姓名　　B. 学号　　C. 专业　　D. 年级

（71）下列关于索引的叙述中，错误的是_______。

A. 可以为所有的数据类型建立索引

B. 可以提高对表中记录的查询速度

C. 可以加快对表中记录的排序速度

D. 可以基于单个字段或多个字段建立索引

（72）若要在一对多的关联关系中，“一方”原始记录更改后，“多方”自动更改，应启用_______。

A. 有效性规则　　B. 级联删除相关记录

C. 完整性规则　　D. 级联更新相关记录

（73）Access 中通配符“-”的含义是_______。

A. 通配任意单个运算符　　B. 通配任意单个字符

C. 通配任意多个减号　　D. 通配指定范围内的任意单个字符

（74）掩码“LLL000”对应的正确输入数据是_______。

A. 555555　　B. aaa555　　C. 555aaa　　D. aaaaaa

（75）对数据表进行筛选操作的结果是_______。

A. 将满足条件的记录保存在新表中　　B. 隐藏表中不满足条件的记录

C. 将不满足条件的记录保存在新表中　　D. 删除表中不满足条件的记录

（76）可以改变“字段大小”属性的字段类型是_______。

A. 文本　　B. OLE 对象　　C. 备注　　D. 日期/时间

**2. 填空题**

（1）Access 表由_______和_______两部分组成。

（2）在学生表中有“助学金”字段，其数据类型可以是数字型或_______。

（3）如果某一字段没有设置显示标题，则系统将_______设置为字段的显示标题。

（4）学生的学号由 9 位数字组成，其中不能包含空格，则为“学号”字段设置的正确输入掩码是_______。

（5）用于建立两表之间关联的两个字段必须具有相同的_______。

（6）修改表结构只能在表的_______中完成，而给表添加数据的操作是在表的_______中完成的。

（7）要在表中使某些字段不移动显示位置，可用_______字段的方法；要在表中不显示某些字段，可用_______字段的方法。

（8）某数据表中有 5 条记录，其中文本型字段“号码”各记录内容如下：125，98，85，141，119，则升序排序后，该字段内容先后顺序表示为_______。

3. 简答题

（1）Access 2010 中创建表的方法有哪些？

（2）在 Access 中修改表的字段名、字段类型应该在哪种视图方式下进行？修改表中的记录应该在哪种视图方式中进行？

（3）举例说明字段的有效性规则属性和有效性文本属性的意义和使用方法。

（4）记录的排序和筛选各有什么作用？如何取消对记录的筛选/排序？

（5）导入数据和链接数据有什么联系和区别？

# 第 4 章 查询与 SQL

1. 单选题

（1）在查询中，默认的字段显示顺序是________。

A. 在表的“数据表视图”中显示的顺序　　B. 添加时的顺序

C. 按照字母顺序　　D. 按照文字笔画顺序

（2）在课程表中要查找课程名称中包含“计算机”的课程，对应“课程名称”字段的正确准则表达式是________。

A. "计算机"　　B. "*计算机*"　　C. Like"*计算机*"　　D. Like"计算机"

（3）建立一个基于学生表的查询，要查找“出生日期”（数据类型为日期/时间型）在 1980 – 06 – 06 和 1980 – 07 – 06 间的学生，在“出生日期”对应列的“条件”行中输入的表达式是________。

A. between 1980-06-06 and 1980-07-06　　B. between #1980-06-06# and #1980-07-06#

C. between 1980-06-06 or 1980-07-06　　D. between #1980-06-06# or #1980-07-06#

（4）创建交叉表查询，在“交叉表”行上有且只能有一个的是________。

A. 行标题和列标题　　B. 行标题和值

C. 行标题、列标题和值　　D. 列标题和值

（5）要从学生关系中查询学生的姓名和班级所进行的查询操作属于________。

A. 选择　　B. 投影　　C. 联结　　D. 自然联结

（6）下列不属于 SQL 查询的是________。

A. 操作查询　　B. 联合查询　　C. 传递查询　　D. 数据定义查询

（7）以下不属于操作查询的是________。

A. 交叉表查询　　B. 更新查询　　C. 删除查询　　D. 生成表查询

（8）Access 通过数据访问页可以发布的数据________。

A. 只能是静态数据　　B. 只能是数据库中保持不变的数据

C. 只能是数据库中变化的数据　　D. 是数据库中保存的数据

（9）下列关于 Select Case…End Select 语句结构中，Case 表达式的格式，描述错误的是________。

A. 单一数值或一行并列的数值

B. 由关键字 To 分隔开的两个数值或表达式之间的范围

C. 关键字 Not 接关系运算符，后接变量或精确的值

D. 关键字 Case Else 后的表达式，是在前面的 Case 条件都不满足时执行的

（10）假设某数据库表中有一个字段，查找字段中包含“计算”的记录的准则是________。

A. Like"计算*"　　B. Like"*计算"　　C. Like"*计算*"　　D. Like"计算"

（11）在查询设计视图中________。

A. 只能添加数据库表　　B. 可以添加数据库表，也可以添加查询

C. 只能添加查询　　D. 以上说法都不对

（12）排序的重要目的是以后对已排序的数据元素进行________。

A. 打印输出　　B. 分类　　C. 查找　　D. 合并

（13）在总计查询中，Expression 函数的功能是________。

A. 求表或查询中第一条记录的字段值

B. 求表或查询中最后一条记录的字段值

C. 创建表达式中不包含统计函数的计算字段

D. 创建表达式中包含统计函数的计算字段

（14）以下关于查询的叙述，正确的是________。

A. 只能根据数据库表创建查询　　B. 只能根据已建查询创建查询

C. 可以根据数据库表和已建查询创建查询　　D. 不能根据已建查询创建查询

（15）表达式 D=DateAdd("m",-2,#2004-2-29 10:40:11#)的返回值为________。

A. #2004-2-29 10:38:11#　　B. #2004-4-27 10:40:11#

C. #2004-2-27 10:40:11#　　D. #2003-12-29 10:40:11#

（16）在 SQL 语句中，检索要去掉重复组的所有元组，则在 SELECT 中使用________。

A. All　　B. UNION　　C. LIKE　　D. DISTINCT

（17）利用 Access 中记录的排序规则，对下列文字字符串进行升序排序的先后顺序应该是________。

A. 5，8，13，24　　B. 13，24，5，8　　C. 24，13，8，5　　D. 8，5，24，13

（18）Access 支持的查询类型有________。

A. 选择查询、交叉表查询、参数查询、SQL 查询和操作查询

B. 基本查询、选择查询、参数查询、SQL 查询和操作查询

C. 多表查询、单表查询、交叉表查询、参数查询和操作查询

D. 选择查询、统计查询、参数查询、SQL 查询和操作查询

（19）关于自动编号数据类型，下列描述正确的是________。

A. 自动编号数据为文本型

B. 某表中有自动编号字段，当删除所有记录后，新增加的记录的自动编号从 1 开始。

C. 自动编号数据类型一旦被指定，就会永久地与记录连接。

D. 自动编号数据类型可自动更新编号，当删除已经编号的记录后，自动更改自动编号类型字段的编号。

（20）要查询 2003 年度参加工作的职工，限定查询时间范围的准则为________。

A. Between #2003-01-01# And #2003-12-31#　　B. Between 2003-01-01 And 2003-12-31

C. <#2003-12-31#　　D. >#2003-01-01#

（21）在 Access 中，利用“查找和替换”对话框可以查找到满足条件的记录，要查找当前字段中所有第一个字符为“a”，中间字符不为“a,b,c”，最后一个字符为“b”的数据，下列选项中正确使用通配符的是________。

A. a[*abc]b　　B. a[!abc]b　　C. a[#abc]b　　D. a[?abc]b

(22) 某数据表中有 5 条记录，其中文本型字段“成绩”各记录内容如下。

成绩

125

98

85

141

119

升序排序后，该字段内容先后顺序表示为________。

| A. | B. | C. | D. |
|---|---|---|---|
| 成绩 | 成绩 | 成绩 | 成绩 |
| 85 | 119 | 141 | 98 |
| 98 | 125 | 125 | 85 |
| 119 | 141 | 119 | 141 |
| 125 | 85 | 98 | 125 |
| 141 | 98 | 85 | 119 |

(23) 要从学生关系中查询学生的姓名和班级所进行的查询操作属于________。

A. 选择　　B. 投影　　C. 联接　　D. 自然联接

(24) SQL 的功能包括________。

A. 查找、编辑、控制、操纵　　B. 数据定义、查询、操纵、控制

C. 窗体、视图、查询、页　　D. 控制、查询、删除、增加

(25) 下列关于文本数据类型的叙述，错误的是________。

A. 文本型数据类型最多可保存 255 个字符

B. 文本型数据使用的对象为文本或者文本与数字的结合

C. 文本数据类型在 Access 中默认字段大小为 50 个字符

D. 将一个表中的文本数据类型字段修改为备注数据类型字段时，该字段原来存在的内容都完全丢失

(26) 参数查询时，在一般查询条件中写上________，并在其中输入提示信息。

A. ( )　　B. <>　　C. {}　　D. []

(27) 假设某数据库表中有一个姓名字段，查找姓李的记录的准则是________。

A. Not"李*"　　B. Like "李"　　C. Left([姓名]，1)="李"　　D. "李"

(28) 在 Access 的数据库中已经建立了 tBook 表，若查找“图书编号”是 112266 和 113388 的记录，应在查询设计视图的准则行中输入________。

A. "112266" and "113388"　　B. not in("112266","113388")

C. in("112266","113388")　　D. not("112266" and "113388")

(29)下图为查询设计视图的设计网格部分，从下图中，可以判断出要创建的查询是________。

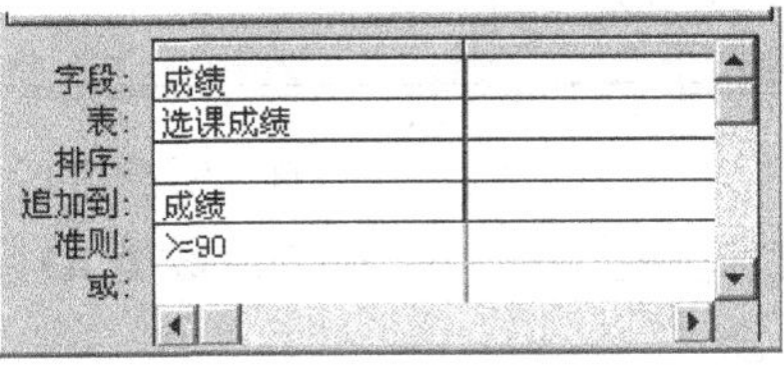

A. 删除查询　　B. 追加查询　　C. 生成表查询　　D. 更新查询

（30）查询设计好以后，可进入“数据表”视图观察结果，不能实现的方法是________。

A. 保存并关闭该查询后，双击该查询

B. 直接单击工具栏的“运行”按钮

C. 选定“表”对象，双击“使用数据表视图创建”快捷方式

D. 单击工具栏最左端的“视图”按钮，切换到“数据表”视图

（31）使用已建立的 tEmployee 表，表结构及表内容如下图所示。

| 字段名称 | 字段类型 | 字段大小 |
|---|---|---|
| 雇员 ID | 文本 | 10 |
| 姓名 | 文本 | 10 |
| 性别 | 文本 | 1 |
| 出生日期 | 日期/时间 | |
| 职务 | 文本 | 14 |
| 简历 | 备注 | |
| 联系电话 | 文本 | 8 |

| 雇员 ID | 姓名 | 性别 | 出生日期 | 职务 | 简历 | 联系电话 |
|---|---|---|---|---|---|---|
| 1 | 王宁 | 女 | 1960-1-1 | 经理 | 1984 年大学毕业，曾是销售员 | 35976450 |
| 2 | 李清 | 男 | 1962-7-1 | 职员 | 1986 年大学毕业，现为销售员 | 35976451 |
| 3 | 王创 | 男 | 1970-1-1 | 职员 | 1993 年专科毕业，现为销售员 | 35976452 |
| 4 | 郑炎 | 女 | 1978-6-1 | 职员 | 1999 年大学毕业，现为销售员 | 35976453 |
| 5 | 魏小红 | 女 | 1934-11-1 | 职员 | 1956 年专科毕业，现为管理员 | 35976454 |

若在 tEmployee 表中查找所有姓“王”的记录，可以在查询设计视图的准则行中输入________。

A. Like "王"　　B. Like "王*"　　C. ="王"　　D. ="王*"

（32）使用已建立的 tEmployee 表，表结构及表内容如题（31）所示。

下图为查询设计视图的“设计网格”部分，从中可以判断出要创建的查询是________。

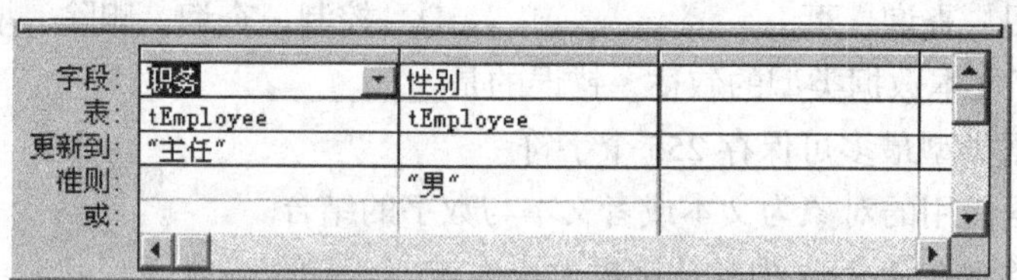


A. 删除查询　　B. 生成表查询　　C. 选择查询　　D. 更新查询

（33）使用已建立的 tEmployee 表，表结构及表内容如题（31）所示，从下图所示的查询设计视图中判断此查询将显示________。

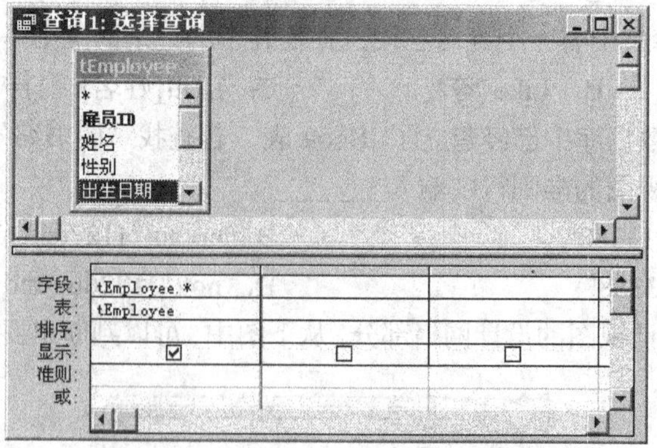


A. 出生日期字段值　　B. 所有字段值

C. 除出生日期以外的所有字段值　　D. 雇员 ID 字段值

（34）若以 tEmployee 表为数据源，计算每个职工的年龄（取整，并显示如下图所示的结果，那么正确的设计是________。

计算年龄：选择查询

| 姓名 | 性别 | 年龄 |
|---|---|---|
| 王宁 | 女 | 45 |
| 李清 | 男 | 43 |
| 王创 | 男 | 35 |
| 郑炎 | 女 | 27 |
| 魏小红 | 女 | 71 |

记录：1　共有记录数：5

A.

| | | | |
|---|---|---|---|
| 字段： | 姓名 | 性别 | 年龄：Date()-[出生日期]/365 |
| 表： | tEmployee | tEmployee | |
| 排序： | | | |
| 显示： | ☑ | ☑ | ☑ |
| 准则： | | | |

B.

| | | | |
|---|---|---|---|
| 字段： | 姓名 | 性别 | 年龄：(Date()-[出生日期])/365 |
| 表： | tEmployee | tEmployee | |
| 排序： | | | |
| 显示： | ☑ | ☑ | ☑ |
| 准则： | | | |

C.

| | | | |
|---|---|---|---|
| 字段： | 姓名 | 性别 | 年龄：Year(Date())-Year([出生日期]) |
| 表： | tEmployee | tEmployee | |
| 排序： | | | |
| 显示： | ☑ | ☑ | ☑ |
| 准则： | | | |

D.

| | | | |
|---|---|---|---|
| 字段： | 姓名 | 性别 | 年龄：Year([出生日期])/365 |
| 表： | tEmployee | tEmployee | |
| 排序： | | | |
| 显示： | ☑ | ☑ | ☑ |
| 准则： | | | |

（35）下列不属于操作查询的是________。

A. 参数查询　　B. 生成表查询　　C. 更新查询　　D. 删除查询

（36）使用自动创建数据访问页功能创建数据访问页时，Access 会在当前文件夹下，自动保存创建的数据访问页，其格式为________。

A. HTML　　B. 文本　　C. 数据库　　D. Web

（37）现有一个已经建好的“按雇员姓名查询”窗体，如下图所示。

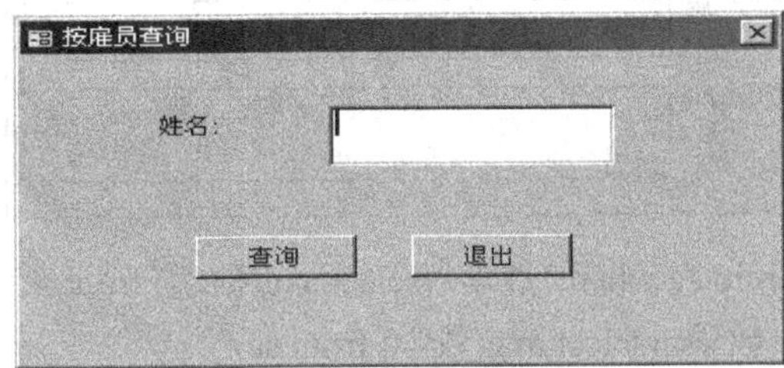

运行该窗体后，在文本框中输入要查询雇员的姓名，单击“查询”按钮时，运行“按雇员姓名查询”，该查询显示出所查雇员的雇员 ID、姓名和职称等 3 个字段，若窗体中的文本框名称为 tName，设计“按雇员姓名查询”，正确的设计视图是________。

A.

| 字段: | 雇员ID | 姓名 | 职称 |
|---|---|---|---|
| 表: | tEmployee | tEmployee | tEmployee |
| 排序: | | | |
| 显示: | ☑ | ☑ | ☑ |
| 准则: | | [按雇员姓名查询]![tName] | |
| 或: | | | |

B.

| 字段: | 雇员ID | 姓名 | 职称 |
|---|---|---|---|
| 表: | tEmployee | tEmployee | tEmployee |
| 排序: | | | |
| 显示: | ☑ | ☑ | ☑ |
| 准则: | | ["按雇员姓名查询"]!["tName"] | |
| 或: | | | |

C.

| 字段: | 雇员ID | 姓名 | 职称 |
|---|---|---|---|
| 表: | tEmployee | tEmployee | tEmployee |
| 排序: | | | |
| 显示: | ☑ | ☑ | ☑ |
| 准则: | | [forms]![按雇员姓名查询]![tName] | |
| 或: | | | |

D.

| 字段: | 雇员ID | 姓名 | 职称 |
|---|---|---|---|
| 表: | tEmployee | tEmployee | tEmployee |
| 排序: | | | |
| 显示: | ☑ | ☑ | ☑ |
| 准则: | | [forms]!["按雇员姓名查询"]!["tName"] | |
| 或: | | | |

（38）下图是使用查询设计器完成的查询，与该查询等价的 SQL 语句是________。

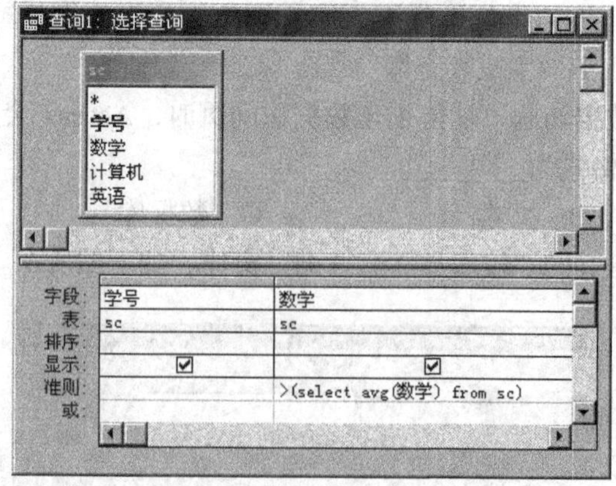


A. select 学号,数学 from sc where 数学>(select avg(数学) from sc)

B. select 学号 where 数学>(select avg(数学) from sc)

C. select 数学 from sc where 数学>(select avg(数学) from sc)

D. select 数学>(select avg(数学) from sc)

（39）在下图中，与查询设计器的筛选标签中设置的筛选功能相同的表达式是________。

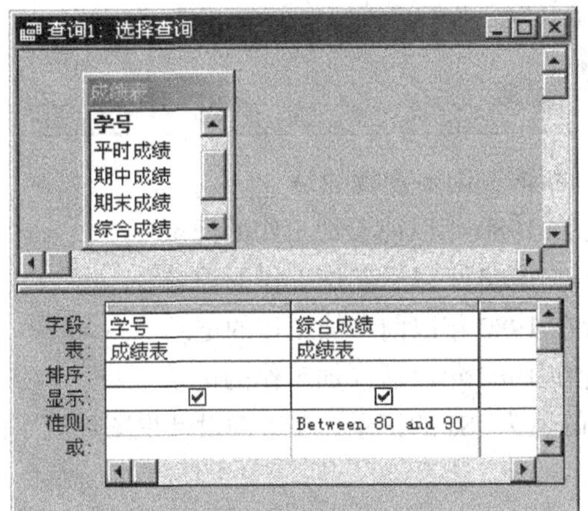


A. 成绩表.综合成绩>=80 AND 成绩表.综合成绩=<90

B. 成绩表.综合成绩>80 AND 成绩表.综合成绩<90

C. 80<=成绩表.综合成绩=<90

D. 80<成绩表.综合成绩<90

（40）下图所示的查询返回的记录是________。

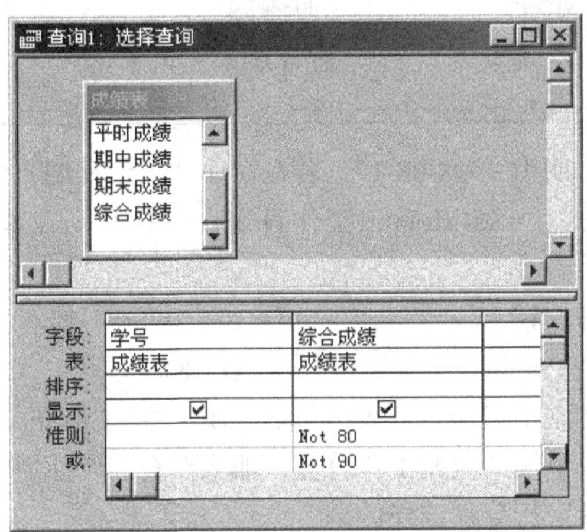


A. 不包含 80 分和 90 分　　　　B. 不包含 80 至 90 分数段

C. 包含 80 至 90 分数段　　　　D. 所有的记录

（41）排序时如果选取了多个字段，则输出结果是________。

A. 按设定的优先次序依次排序　　　　B. 按最右边的列开始排序

C. 按从左向右优先次序依次排序　　　　D. 无法排序

（42）SQL 的含义是________。

A. 结构化查询语言　　　　B. 数据定义语言

C. 数据库查询语言　　　　D. 数据库操纵与控制语言

（43）下图显示为查询设计视图的“设计网格”部分。

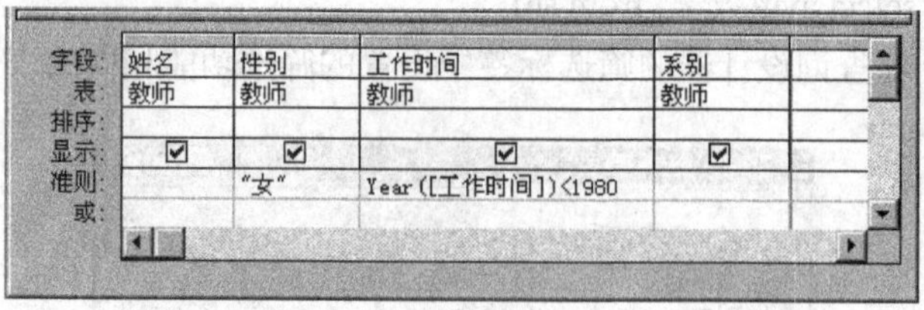

| 字段: | 姓名 | 性别 | 工作时间 | 系别 |
|---|---|---|---|---|
| 表: | 教师 | 教师 | 教师 | 教师 |
| 排序: | | | | |
| 显示: | ☑ | ☑ | ☑ | ☑ |
| 准则: | | "女" | Year([工作时间])<1980 | |
| 或: | | | | |

从显示的内容中可以判断该查询要查找的是________。

A. 性别为“女”并且在 1980 年以前参加工作的记录

B. 性别为“女”并且在 1980 年以后参加工作的记录

C. 性别为“女”或者在 1980 年以前参加工作的记录

D. 性别为“女”或者在 1980 年以后参加工作的记录

（44）若要查询某字段的值为 JSJ 的记录，在查询设计视图对应字段的准则中，错误的表达式是________。

A. JSJ　　B. "JSJ"　　C. "*JSJ*"　　D. LIKE "JSJ"

（45）在已建雇员表中有“工作日期”字段，下图为以此表为数据源创建的“雇员基本信息”窗体。

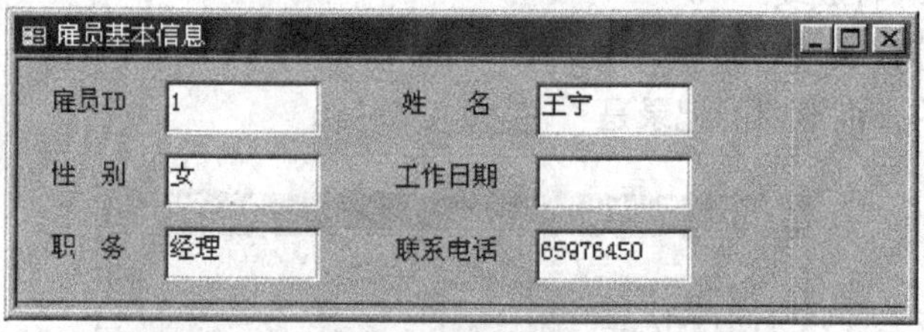

雇员基本信息

雇员ID 1　　姓　名 王宁

性　别 女　　工作日期

职　务 经理　　联系电话 65976450

假设当前雇员的工作日期为 1998-08-17，若在窗体“工作日期”标签右侧文本框控件的“控件来源”属性中输入表达式：=Str(Month([工作日期])+"月"，则在该文件框控件内显示的结果是________。

A. Str(Month(Date(0))+"月"　　B. "08"+"月"

C. 08 月　　D. 8 月

（46）在 Access 中已建立了工资表，表中包括“职工号”“所在单位”“基本工资”和“应发工资”等字段，如果要按单位统计应发工资总数，那么在查询设计图的“所在单位”的“总计”行和“应发工资”的“总计”行分别选择的是________。

A. sum,group by　　B. count ,group by

C. group by,sum　　D. group by , count

（47）在创建交叉表查询时，列标题字段的值显示在交叉表的________。

A. 第一行　　B. 第一列　　C. 上面若干行　　D. 左面若干列

（48）在 Access 中已经建立了学生表，表中有“学号”“姓名”“性别”和“入学成绩”等字段。执行如下 SQL 命令。

```
Select 性别,avg(入学成绩) from 学生 group by 性别
```

其结果是________。

A. 计算并显示所有学生的性别和入学成绩的平均值

B. 按性别分组计算并显示性别和入学成绩的平均值

C. 计算并显示所有学生的入学成绩的平均值

D. 按性别分组计算并显示所有学生的入学成绩的平均值

（49）要在查找表达式中使用通配符通配一个数字字符，应选用的通配符是________。

A. *　　B. ？　　C. ！　　D. #

（50）假设一个书店用（书号，书名，作者，出版社，出版日期，库存数量....）一组属性来描述图书，可以作为“关键字”的是________。

A. 书号　　B. 书名　　C. 作者　　D. 出版社

（51）将表 A 的记录添加表 B 中，要求保持表 B 中原有的记录，可以使用的查询是________。

A. 选择查询　　B. 生成表查询　　C. 追加查询　　D. 更新查询

（52）在 Access 中，查询的数据源可以是________。

A. 表　　B. 查询

C. 表和查询　　D. 表、查询和报表

（53）在一个 Access 表中有“专业”字段，要查找包含“信息”两个字的记录，正确的条件表达式是________。

A. like ([专业],2)="信息"　　B. like "*信息*"

C. ="*信息*"　　D. mid([专业],1,2)="信息"

（54）在查询的条件中使用通配符方括号“[ ]”表示________。

A. 通配任意长度的字符　　B. 通配不在括号内的任意字符

C. 通配方括号内列出的任一单个字符　　D. 错误的使用方法

（55）现有某查询设计视图如下图所示，该查询要查找的是________。

| 字段: | 学号 | 姓名 | 性别 | 出生年月 | 身高 | 体重 |
|---|---|---|---|---|---|---|
| 表: | 体检首页 | 体检首页 | 体检首页 | 体检首页 | 体质测量表 | 体质测量表 |
| 排序: | | | | | | |
| 显示: | ☑ | ☑ | ☑ | ☑ | ☑ | ☑ |
| 条件: | | | "女" | | >="160" | |
| 或: | | | "男" | | | |

A. 身高在 160cm 以上的女性和所有男性

B. 身高在 160cm 以上的男性和所有女性

C. 身高在 160cm 以上的所有人或男性

D. 身高在 160cm 以上的所有人

（56）设有表示学生选课的三张表，学生 S（学号，姓名，性别，年龄，身份证号）、课程 C（课号，课名）、选课 SC（学号，课号，成绩），则表 SC 的关键字（键或码）为________。

A. 课号，成绩　　B. 学号，成绩

C. 学号，课号　　D. 学号，姓名，成绩

（57）在 SELECT 语句中使用 ORDER BY 是为了指定________。

A. 查询的表　　B. 查询结果的顺序

C. 查询的条件　　D. 查询的字段

（58）在下列 SQL 查询语句中，与下图所示的查询设计视图的查询结果等价的是________。

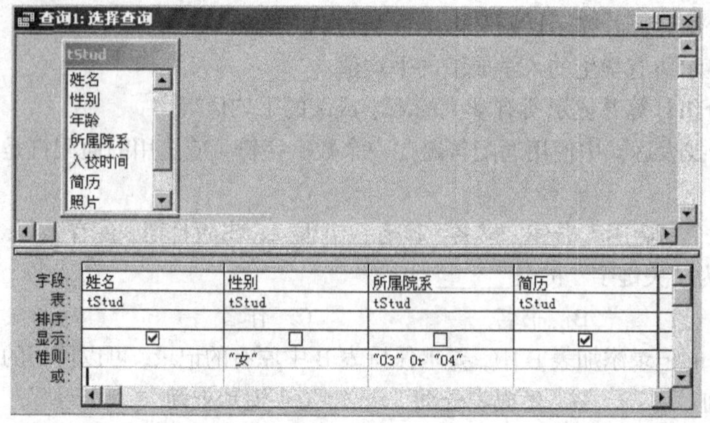


A. SELECT 姓名,性别,所属院系,简历 FROM tStud
WHERE 性别="女" AND 所属院系 IN("03","04")

B. SELECT 姓名,简历 FROM tStud
WHERE 性别="女" AND 所属院系 IN("03","04")

C. SELECT 姓名,性别,所属院系,简历 FROM tStud
WHERE 性别="女" AND 所属院系="03" OR 所属院系="04"

D. SELECT 姓名,简历 FROM tStud
WHERE 性别="女" AND 所属院系="03" OR 所属院系="04"

(59)如果在数据库中已有同名的表，要通过查询覆盖原来的表，应该使用的查询类型是________。

A. 删除　　B. 追加　　C. 生成表　　D. 更新

(60)SQL 语句不能创建________。

A. 报表　　B. 操作查询　　C. 选择查询　　D. 数据定义查询

(61)在建立查询时，若要筛选出图书编号是 T01 或 T02 的记录，可以在查询设计视图准则行中输入________。

A. "T01" or "T02"　　B. "T01" and "T02"

C. in("T01" and "T02")　　D. not int("T01" and "T02")

(62)在 Access 数据库中使用向导创建查询，其数据可以来自________。

A. 多个表　　B. 一个表　　C. 一个表的一部分　　D. 表或查询

(63)创建参数查询时，在查询设计视图准则中应将参数提示文本放置在________。

A. { }中　　B. ( )中　　C. [ ]中　　D. <>中

(64)在下列查询语句中，与 SELECT TAB1.* FROM TAB1 WHERE InStr([简历],"篮球")<>0 功能相同的语句是________。

A. SELECT TAB1.* FROM TAB1 WHERE TAB1.简历 Like "篮球"

B. SELECT TAB1.* FROM TAB1 WHERE TAB1.简历 Like "*篮球"

C. SELECT TAB1.* FROM TAB1 WHERE TAB1.简历 Like "*篮球*"

D. SELECT TAB1.* FROM TAB1 WHERE TAB1.简历 Like "篮球*"

(65)在 Access 数据库中创建一个新表，应该使用的 SQL 语句是________。

A. Create Table　　B. Create Index　　C. Alter Table　　D. Create Database

（66）在书写查询准则时，日期型数据应该使用适当的分隔符括起来，正确的分隔符是________。

A. *　　B. %　　C. &　　D. #

（67）下列关于 SQL 语句的说法中，错误的是________。

A. INSERT 语句可以向数据表中追加新的数据记录

B. UPDATE 语句用来修改数据表中已经存在的数据记录

C. DELETE 语句用来删除数据表中的记录

D. CREATE 语句用来建立表结构并追加新的记录

（68）要从数据库中删除一个表，应该使用的 SQL 语句是________。

A. ALTER TABLE　　B. KILL TABLE　　C. DELETE TABLE　　D. DROP TABLE

（69）已知借阅表中有“借阅编号”“学号”和“借阅图书编号”等字段，每名学生每借阅一本书生成一条记录，要求按学生学号统计出每名学生的借阅次数，下列 SQL 语句中，正确的是________。

A. `Select 学号,Count(学号) from 借阅`

B. `Select 学号,Count(学号) from 借阅 Group By 学号`

C. `Select 学号,Sum(学号) from 借阅`

D. `Select 学号,Sum(学号) from 借阅 Order By 学号`

（70）利用对话框提示用户输入查询条件，这样的查询属于________。

A. 选择查询　　B. 参数查询　　C. 操作查询　　D. SQL 查询

（71）在查询条件中使用通配符“[ ]”的含义是________。

A. 错误的使用方法　　B. 通配不在括号内的任意字符

C. 通配任意长度的字符　　D. 通配方括号内的任意单个字符

（72）在 SQL 的 SELECT 语句中，用于实现选择运算的子句是________。

A. FOR　　B. IF　　C. WHILE　　D. WHERE

（73）在成绩中查找成绩≥80 且成绩≤90 的学生，正确的条件表达式是________。

A. 成绩 Between 80 and 90　　B. 成绩 Between 80 to 90

C. 成绩 Between 79 and 91　　D. 成绩 Between 79 to 91

（74）学生表中有“学号”“姓名”“性别”和“入学成绩”等字段，执行如下 SQL 命令后的结果是________。

```
Select avg(入学成绩) From 学生表 Group by 性别
```

A. 计算并显示所有学生的平均入学成绩

B. 计算并显示所有学生的性别和平均入学成绩

C. 按性别顺序计算并显示所有学生的平均入学成绩

D. 按性别分组计算并显示不同性别学生的平均入学成绩

（75）查询“书名”字段中包含“等级考试”字样的记录，应该使用的条件是________。

A. Like "等级考试"　　B. Like "*等级考试"

C. Like "等级考试*"　　D. Like "*等级考试*"

（76）要将产品表中所有供货商是 ABC 的产品单价下调 50，则正确的 SQL 语句是________。

A. `UPDATE 产品 SET 单价=50 WHERE 供货商="ABC"`

B. `UPDATE 产品 SET 单价=单价-50 WHERE 供货商="ABC"`

C. UPDATE FROM 产品 SET 单价=50 WHERE 供货商="ABC"

D. UPDATE FROM 产品 SET 单价=单价-50 WHERE 供货商="ABC"

（77）在查询条件中使用通配符“!”的含义是________。

A. 通配任意长度的字符　　B. 通配不在括号内的任意字符

C. 通配方括号内列出的任意单个字符　　D. 错误的使用方法

（78）在 SQL 的 SELECT 语句中，用于指明检索结果排序的子句是________。

A. FROM　　B. WHILE　　C. GROUP BY　　D. ORDER BY

（79）有商品表内容如下。

| 部门号 | 商品号 | 商品名称 | 单价 | 数量 | 产地 |
|---|---|---|---|---|---|
| 40 | 101 | A牌电风扇 | 200 | 10 | 广东 |
| 40 | 104 | A牌微波炉 | 350 | 10 | 广东 |
| 20 | 105 | C牌传真机 | 1000 | 20 | 上海 |
| 40 | 202 | A牌电冰箱 | 3000 | 2 | 广东 |
| 30 | 1041 | B牌计算机 | 6000 | 10 | 广东 |
| 30 | 204 | C牌计算机 | 10000 | 10 | 广东 |

执行 SQL 命令：

```
SELECT 部门号,MAX(单价*数量) FROM 商品表 GROUP BY 部门号;
```

查询结果的记录数是________。

A. 1　　B. 3　　C. 4　　D. 10

（80）若查找某个字段中以字母 A 开头且以字母 Z 结尾的所有记录，则条件表达式应设置为________。

A. Like "A$Z"　　B. Like "A#Z"　　C. Like "A*Z"　　D. Like "A?Z"

（81）在学生表中建立查询，“姓名”字段的查询条件设置为 Is Null，运行该查询后，显示的记录是________。

A. 姓名字段为空的记录　　B. 姓名字段中包含空格的记录

C. 姓名字段不为空的记录　　D. 姓名字段中不包含空格的记录

（82）教师表的“选择查询”设计视图如下，则查询结果是________。

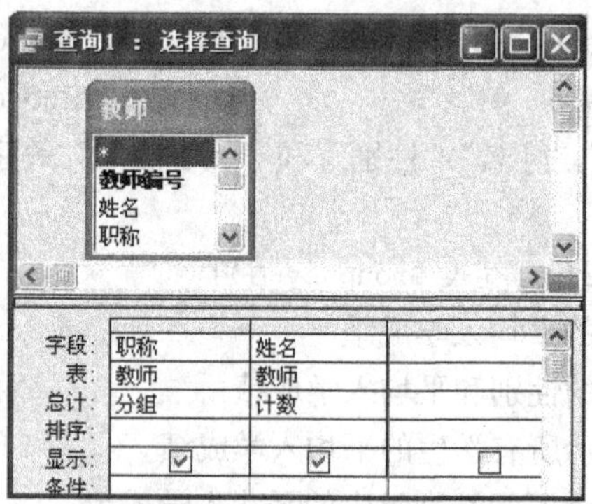


A. 显示教师的职称、姓名和同名教师的人数

B. 显示教师的职称、姓名和同样职称的人数

C. 按职称的顺序分组显示教师的姓名

D. 按职称统计各类职称的教师人数

（83）在教师表中“职称”字段可能的取值为：教授、副教授、讲师和助教，要查找职称为教授或副教授的教师，错误的语句是________。

A. SELECT * FROM 教师表 WHERE ( InStr([职称], "教授") <> 0);

B. SELECT * FROM 教师表 WHERE ( Right([职称], 2) = "教授" );

C. SELECT * FROM 教师表 WHERE ([职称] = "教授" );

D. SELECT * FROM 教师表 WHERE ( InStr([职称], "教授") = 1 Or InStr([职称], "教授") = 2 );

（84）用 SQL 语句将 STUDENT 表中字段“年龄”的值加 1，可以使用的命令是________。

A. REPLACE STUDENT 年龄 = 年龄 + 1

B. REPLACE STUDENT 年龄 WITH 年龄 + 1

C. UPDATE STUDENT SET 年龄 = 年龄 + 1

D. UPDATE STUDENT 年龄 WITH 年龄 + 1

（85）已知学生表如下。

| 学号 | 姓名 | 年龄 | 性别 | 班级 |
| --- | --- | --- | --- | --- |
| 20120001 | 张三 | 18 | 男 | 计算机一班 |
| 20120002 | 李四 | 19 | 男 | 计算机一班 |
| 20120003 | 王五 | 20 | 男 | 计算机一班 |
| 20120004 | 刘七 | 19 | 女 | 计算机二班 |

执行下列命令后，得到的记录数是________。

SELECT 班级, MAX(年龄) FROM 学生表 GROUP BY 班级

A. 4　　B. 3　　C. 2　　D. 1

（86）若 Access 数据表中有姓名为“李建华”的记录，下列无法查出“李建华”的表达式是________。

A. Like "华"　　B. Like "*华"　　C. Like "*华*"　　D. Like "??华"

（87）有查询设计视图如下，它完成的功能是________。

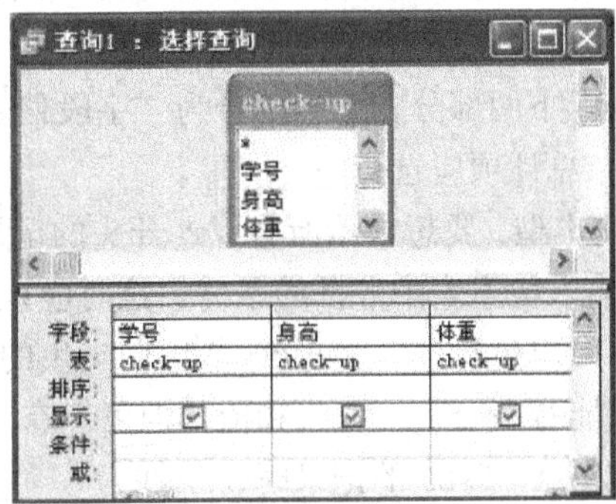


A. 查询表 check-up 中符合指定学号、身高和体重的记录

B. 查询当前表中学号、身高和体重信息均为 check-up 的记录

C. 查询符合 check-up 条件的记录，显示学号、身高和体重

D. 显示表 check-up 中全部记录的学号、身高和体重

（88）要覆盖数据库中已存在的表，可使用的查询是________。

A. 删除查询　　B. 追加查询　　C. 生成表查询　　D. 更新查询

（89）SQL 查询命名的结构是：

SELECT ...FROM ... WHERE ... GROUP BY ... HAVING ... ORDER BY ...

其中，使用 HAVING 时必须配合使用的短语是________。

A. FROM　　B. GROUP BY　　C. WHERE　　D. ORDER BY

（90）从下图所示的查询设计视图的设计网格部分，可以判定要创建的查询是________。

| | | | |
|---|---|---|---|
| 字段: | 成绩 | | |
| 表: | 科目成绩 | | |
| 排序: | | | |
| 追加到: | 成绩 | | |
| 条件: | | | |
| 或: | | | |

A．删除查询　　B．追加查询　　C．生成表查询　　D．更新查询

（91）SELECT 命令中用于返回非重复记录的关键字是________。

A．TOP　　B．GROUP　　C．DISTINCT　　D．ORDER

（92）在学生成绩表中，若要查询姓“张”的女同学的信息，正确的条件设置为______。

A．在“条件”单元格输入：姓名=“张” AND 性别=“女”

B．在“性别”对应的“条件”单元格中输入：“女”

C．在“性别”的条件行中输入“女”，在“姓名”的条件行中输入：LIKE “张*”

D．在“条件”单元格中输入：性别=“女” AND 姓名=“张*”

2．填空题

（1）在 Access 中，查询的结果集是以________的形式显示出来。

（2）操作查询包括________、删除查询、生成表查询和追加查询 4 种。

（3）每个查询都有 3 种视图，分别为设计视图、数据表视图和________。

（4）Access 数据库中查询有很多种，根据每种方式在执行上的不同可以分为选择查询、交叉表查询________、________和 SQL 查询。

（5）SELECT 名字 AND 年龄 FROM 职员表 WHERE 姓名 LIKE?李%?，这条查询语句的意思是________。

（6）“查询”设计视图分为上下两部分，上半部分为“字段列表”区，下半部分为________。

（7）创建分组统计查询时，总计项应选择________。

（8）假定电话号码字段为文本型，要想显示所有以 5 开头的记录，在准则中应输入________。

（9）通过提示信息让用户输入检索表中数据的条件，这时应该创建________。

（10）表示查询“雇员”的“出生日期”为 1955 年以前出生的设置条件是________。

（11）在交叉表查询中，只能有一个________和值，但可以有一个或多个________。

（12）在成绩表中，查找成绩在 75~85 的记录时，条件为________。

（13）SELECT 语句中的 ORDER BY 短语用于对查询的结果进行________。

3．简答题

（1）选择查询和操作查询有何区别？

（2）查询有哪些视图方式？各有何特点？

（3）如何用 SQL 命令建立表结构？

（4）表记录的顺序有哪几种？

（5）索引有哪些类型，各种类型的功能有哪些？

（6）数据库表之间的关联有哪些？

（7）怎样设置数据库表的字段级和记录级？

（8）在表设计器中的“表”选项卡上有哪些触发器，分别用于指定记录的什么规则？

# 第 5 章 窗体

1. **单选题**

（1）既可以直接输入文字，又可以从列表中选择输入项的控件是________。

A. 选项框　　B. 文本框　　C. 组合框　　D. 列表框

（2）可以作为窗体记录源的是________。

A. 表　　B. 查询

C. Select 语句　　D. 表、查询或 select 语句

（3）Access 窗体中的文本框控件分为________。

A. 计算型和非计算型　　B. 绑定型和未绑定型

C. 控制型和非控制型　　D. 记录型和非记录型

（4）要显示格式为“页码/总页数”的页码，应当设置文本框控件的控件来源属性为________。

A. [page]/[Pages]　　B. =[Page]/[Pages]

C. [page]&"/"&[Pages]　　D. =[page]&"/"&[Pages]

（5）已知程序段：

下列选项中关于控件的描述，错误的是________。

A. 控件是窗体上用于显示数据、执行操作、装饰窗体的对象

B. 在窗体上添加的每一个对象都是控件

C. 控件的类型分为：绑定型、未绑定型、计算型和非计算型

D. 非结合型的控件没有数据来源，可以用来显示信息、线条、矩形和图像

（6）能够使用输入掩码设定控件的输入格式的是________。

A. 文本型或数字型　　B. 文本型或日期型

C. 数字型或日期型　　D. 数字型或货币型

（7）窗体由多个部分组成，每个部分称为一个________。

A. 节　　B. 段　　C. 记录　　D. 表格

（8）按钮获得输入焦点之前发生的事件为________。

A. OnGetFoucs　　B. OnMouseDown　　C. OnEnter　　D. OnKeyDown

（9）下列有关窗体的描述，错误的是________。

A. 数据源可以是表和查询

B. 可以链接数据库中的表，作为输入记录的界面

C. 能够从表中查询提取所需的数据，并将其显示出来

D. 可以将数据库中需要的数据提取出来进行分析、整理和计算，并将数据以格式化的方式发送到打印机

（10）允许用户对窗体表格内的数据进行操作，以满足不同的数据分析和要求的窗体类型是________。

A. 数据表窗体　　B. 数据透视表窗体

C. 纵览式窗体　　D. 图表窗体

（11）下列有关窗体的叙述，错误的是________。

A. 可以存储数据，并只能以行和列的形式显示数据

B. 可以用于显示表和查询中的数据，输入数据、编辑数据和修改数据

C. 由多个部分组成，每个部分称为一个“节”

D. 有三种视图：“设计“视图、”窗体“视图和”数据表“视图

（12）下列选项不属于窗体数据属性的是________。

A. 记录源　　B. 排序依据　　C. 输入掩码　　D. 数据入口

（13）在窗体中增加了一个对象，这个对象为________。

A. 控件　　B. 插件　　C. 子窗体　　D. 对象

（14）“用表达式作为数据源，表达式可以利用窗体或报表引用的表或查询字段中的数据”是对下列________控件的描述。

A. 绑定型控件　　B. 未绑定型控件　　C. 计算型控件　　D. 非计算型控件

（15）选项组控件不包含________。

A. 组合框　　B. 复选框　　C. 切换按钮　　D. 选项按钮

（16）为窗体上的控件设置 Tab 键的顺序，应选择属性表中的________。

A. 格式选项卡　　B. 数据选项卡　　C. 事件选项卡　　D. 其他选项卡

（17）要使 Access 窗口中的某窗体处于打开状态，可以设置窗体的________。

A.“允许编辑”属性　　B.“可见行”属性

C.“独占方式”属性　　D.“是否锁定”属性

（18）下列选项不属于图像控件缩放模式属性的是________。

A. 剪裁　　B. 拉伸　　C. 缩放　　D. 全屏

（19）下列选项不属于窗体格式属性的是________。

A. 强制分页　　B. 标记　　C. 高度　　D. 可见性

（20）主窗体和子窗体通常用于显示多个表或查询中的数据，这些表或查询中的数据一般应该具有________关系。

A. 一对一　　B. 一对多　　C. 多对多　　D. 关联

（21）下列不属于 Access 窗体的视图是________。

A. 设计视图　　B. 窗体视图　　C. 版面视图　　D. 数据表视图

（22）假设已在 Access 中建立了包含“书名”“单价”和“数量”等三个字段的 tOfg 表，以该表为数据源创建的窗体中，有一个计算定购总金额的文本框，其控件来源为________。

A. [单价]*[数量]

B. =[单价]*[数量]

C. [图书订单表]![单价]*[图书订单表]![数量]

D. =[图书订单表]![单价]*[图书订单表]![数量]

（23）如下图所示，窗体的名称为 fmTest，窗体中有一个标签和一个命令按钮，名称分别为 Label1 和 bChange。

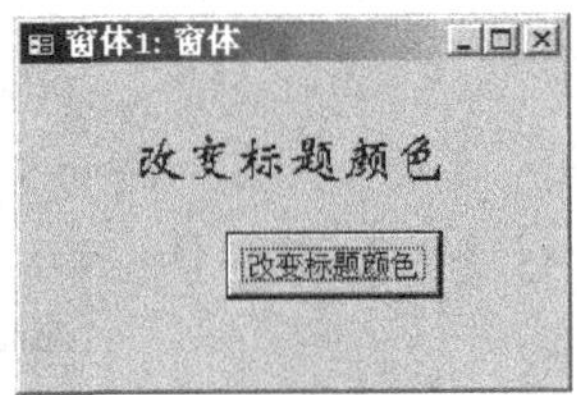


在“窗体视图”显示该窗体时，要求在单击命令按钮后，标签上显示的文字颜色变为红色，以下能实现该操作的语句是________。

A. `label1.ForeColor = 255`　　B. `bChange.ForeColor = 255`

C. `label1.ForeColor = "255"`　　D. `bChange.ForeColor = "255"`

（24）如下图所示，窗体的名称为 fmTest，窗体中有一个标签和一个命令按钮，名称分别为 Label1 和 bChange。

若将窗体的标题设置为“改变文字显示颜色”，应使用的语句是________。

A. `Me ="改变文字显示颜色"`　　B. `Me.Caption="改变文字显示颜色"`

C. `Me.text="改变文字显示颜色"`　　D. `Me.Name="改变文字显示颜色"`

（25）如下图所示，窗体的名称为 fmTest，窗体中有一个标签和一个命令按钮，名称分别为 Label1 和 bChange。

在“窗体视图”中显示窗体时，窗体中没有记录选定器，应将窗体的“记录选定器”属性值设置为________。

A. 是　　B. 否　　C. 有　　D. 无

（26）能被“对象所识别的动作”和“对象可执行的活动”分别称为对象的________。

A. 方法和事件　　B. 事件和方法　　C. 事件和属性　　D. 过程和方法

（27）要求在文本框中输入文本时达到显示密码“*”号的效果，应设置的属性是________。

A.“默认值”属性　　B.“标题”属性

C.“密码”属性　　D.“输入掩码”属性

（28）窗体上添加有 3 个命令按钮，分别命名为 Command1、Command2 和 Command3。编写 Command1 的单击事件过程，完成的功能为：当单击按钮 Command1 时，按钮 Command2 可用，按钮 Command3 不可见。以下正确的是________。

A.
```
Private Sub Command1_Click( )
  Command2.Visible=True
  Command3.Visible=False
End Sub
```

B.
```
Private Sub Command1_Click( )
  Command2.Enabled=True
  Command3.Enabled=False
End Sub
```

C.
```
Private Sub Command1_Click( )
  Command2.Enabled=True
  Command3.Visible=False
End Sub
```

D.
```
Private Sub Command1_Click( )
  Command2. Visible = True
  Command3. Enabled = False
End Sub
```

（29）为窗体中的命令按钮设置单击鼠标时发生的动作，应选择设置其属性对话框的________。

A. 格式选项卡　　B. 事件选项卡　　C. 方法选项卡　　D. 数据选项卡

（30）要改变窗体上文本框控件的数据源，应设置的属性是________。

A. 记录源　　B. 控件来源　　C. 筛选查阅　　D. 默认值

（31）Access 的控件对象可以设置某个属性来控制对象是否可用（不可用时显示为灰色状态），需要设置的属性是________。

A. Default　　B. Cancel　　C. Enabled　　D. Visible

（32）Access 数据库中，用于输入或编辑字段数据的交互控件是________。

A. 文本框　　B. 标签　　C. 复选框　　D. 组合框

（33）在窗体中添加了一个文本框和一个命令按钮（名称分别为 tText 和 bCommand），并编写了相应的事件过程。运行该窗体后，在文本框中输入一个字符，则命令按钮上的标题变为“计算机等级考试”。以下能实现上述操作的事件过程是________。

A.
```
Private Sub bCommand_Click()
  Caption="计算机等级考试"
  End Sub
```

B.
```
Private Sub tText_Click()
  bCommanD. Caption="计算机等级考试"
  End Sub
```

C.
```
Private Sub bCommand_Change()
  Caption="计算机等级考试"
  End Sub
```

D.
```
Private Sub tText_Change()
  bCommanD. Caption="计算机等级考试"
  End Sub
```

（34）在 Access 中已建立雇员表，其中有可以存放照片的字段。在使用向导为该表创建窗体时，“照片”字段使用的默认控件是________。

A. 图像框　　B. 绑定对象框　　C. 非绑定对象框　　D. 列表框

（35）在窗体中，用来输入或编辑字段数据的交互控件是________。

A. 文本框控件　　B. 标签控件　　C. 复选框控件　　D. 列表框控件

（36）在窗体中有一个标签 Label0，标题为“测试进行中”；有一个命令按钮 Command1，事件代码如下。

```
Private Sub Command1_Click( )
    Label0.Caption="标签"
End Sub
Private Sub Form_Load( )
    Form.Caption="举例"
    Command1.Caption="移动"
End Sub
```

打开窗体后单击命令按钮，屏幕显示________。

A.

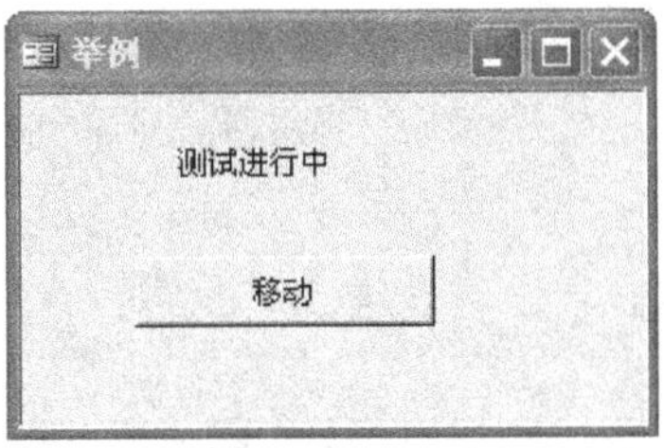

测试进行中

移动

B.

标签

command1

C.

测试进行中

command1

D.

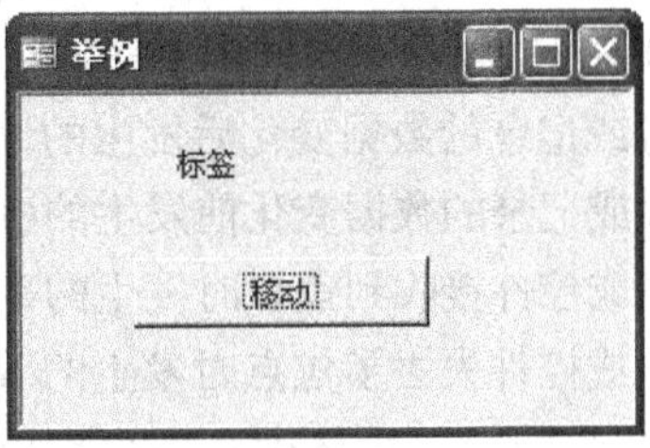

标签

移动

（37）在窗体上，设置控件 Command0 为不可见的属性是________。

A. Command0.Colore　　B. Command0.Caption

C. Command0.Enabled　　D. Command0.Visible

（38）能够接受数值型数据输入的窗体控件是________。

A. 图形　　B. 文本框　　C. 标签　　D. 命令按钮

（39）要改变窗体上文本框控件的输出内容，应设置的属性是________。

A. 标题　　B. 查询条件　　C. 控件来源　　D. 记录源

（40）在窗体 Me 上，有一个标有“显示”字样的命令按钮（名称为 Command1）和一个文本框（名称为 text1）。当单击命令按钮时，将变量 sum 的值显示在文本框内，正确的代码是________。

A. `Me!Text1.Caption = sum`　　B. `Me!Text1.Value = sum`

C. `Me!Text1.Text = sum`　　D. `Me!Text1.Visible = sum`

（41）启动窗体时，系统受限制性的事件过程是________。

A. Load　　B. Click　　C. Unload　　D. GotFocus

（42）窗体 Caption 属性的作用是________。

A. 确定窗体的标题　　B. 确定窗体的名称

C. 确定窗体的边界类型　　D. 确定窗体的字体

（43）下列过程的功能是：通过对象变量返回当前窗体的 Recordset 属性记录集引用，消息框中输出记录集的记录（即窗体记录源）个数。

```
Sub GetRecNum()
  Dim rs As Object
  Set rs=Me.Recordset
  MsgBox ______
End Sub
```

程序空白处应填写的是________。

A. Count　　B. rs.Count

C. RecordCount　　D. rs.RecordCount

（44）在已建窗体中有一个命令按钮（名为 Commandl），该按钮的单击事件对应的 VBA 代码为：

```
Private Sub Commandl_Click()
subT.Form.RecordSource ="select * from 雇员"
End Sub
```

单击该按钮实现的功能是________。

A. 使用 select 命令查找雇员表中的所有记录

B. 使用 select 命令查找并显示雇员表中的所有记录

C. 将 subT 窗体的数据来源设置为一个字符串

D. 将 subT 窗体的数据来源设置为雇员表

（45）下列关于对象“更新前”事件的叙述中，正确的是________。

A. 在控件或记录的数据变化后发生的事件

B. 在控件或记录的数据变化前发生的事件

C. 当窗体或控件接收到焦点时发生的事件

D. 当窗体或控件失去了焦点时发生的事件

（46）若在“销售总数”窗体中有“订货总数”文本框控件，能够正确引用控件值的是________。

A. Forms.[销售总数].[订货总数]　　B. Forms![销售总数].[订货总数]

C. Forms.[销售总数]![订货总数]　　D. Forms![销售总数]![订货总数]

（47）在学生表中使用“照片”字段存放相片，当使用向导为该表创建窗体时，照片字段使用的默认控件是________。

A. 图形　　B. 图像　　C. 绑定对象框　　D. 未绑定对象框

（48）在教师信息输入窗体中，为职称字段提供“教授”“副教授”“讲师”等选项供用户直接选择，应使用的控件是________。

A. 标签　　B. 复选框　　C. 文本框　　D. 组合框

（49）若窗体 Frm1 中有一个命令按钮 Cmd1，则窗体和命令按钮的 Click 事件过程名分别为________。

A. Form_Click()　Command1_Click()　　B. Frm1_Click()　Command1_Click()

C. Form_Click()　Cmd1_Click()　　D. Frm1_Click()　Cmd1_Click()

（50）下列属性中，属于窗体的“数据”类属性的是________。

A. 记录源　　B. 自动居中　　C. 获得焦点　　D. 记录选择器

（51）在 Access 中为窗体上的控件设计 Tab 键的顺序，应选择“属性”对话框的________。

A.“格式”选项卡　　B.“数据”选项卡

C.“事件”选项卡　　D.“其他”选项卡

（52）在打开窗体时，依次发生的事件是________。

A. 打开（Open）->加载（Load）->调整大小（Resize）->激活（Activate）

B. 打开（Open）->激活（Activate）->加载（Load）->调整大小(Resize）

C. 打开（Open）->调整大小（Resize）->加载（Load）->激活(Activate）

D. 打开（Open）->激活（Activate）->调整大小（Resize）->加载（Load）

（53）在窗体中为了更新数据表中的字段，要选择相关的控件，正确的控件选择是________。

A. 只能选择绑定型控件

B. 只能选择计算型控件

C. 可以选择绑定型或计算型控件

D. 可以选择绑定型、非绑定型或计算型控件

（54）已知教师表“学历”字段的值只可能是四项（博士、硕士、本科或其他）之一，为了方便输入数据，设计窗体时，学历对应的控件应该选择________。

A. 标签　　B. 文本框　　C. 复选框　　D. 组合框

（55）要设置窗体的控件属性值，可以使用的宏操作是________。

A. Echo　　B. RunSQL　　C. SetValue　　D. Set

（56）假定窗体的名称为 fmTest，则把窗体的标题设置为 ACCESS 的语句是________。

A. `Me="ACCESS"`　　B. `Me.caption="ACCESS"`

C. `ME.text="ACCESS"`　　D. `Me.name="ACCESS"`

（57）窗体上添加 3 个命令按钮，分别命名为 command1、command2 和 command3，编写 command1 的单击事件过程，完成的功能为：当单击按钮 command1 时，按钮 command2 可用，按钮 command3 不可见，以下正确的是________。

A.

```
Private sub command1_click(   )
Command2.visible=true
Command3.visible=false
End sub
```

B.

```
Private sub command1_click(   )
Command2.visible=true
Command3.visible=false
End sub
```

C.

```
Private sub command1_click(   )
Command2.Enabled=true
Command3. visible =false
End sub
```

D.

```
Private sub command1_click(   )
Command2.visible=true
Command3.enabled=false
End sub
```

（58）“切换面板”属于________________。

A. 表　　B. 查询　　C. 窗体　　D. 页

（59）决定窗体外观的是________。

A. 控件　　B. 标签　　C. 属性　　D. 按钮

**2. 填空题**

（1）计算控件以________作为数据来源。

（2）使用“自动窗体”创建的窗体，有________、________和________3 种形式。

（3）在窗体设计视图中，窗体由上而下被分成 5 节：________、页面页眉、________、页面页脚和________。

（4）窗体属性对话框有 5 个选项卡：________、________、________、________和全部。

（5）如果要选定窗体中的全部控件，按下________键。

（6）在设计窗体时使用标签控件创建的是单独标签，它在窗体的________视图中不能显示。

（7）窗体通常由页眉、页脚、主体三部分组成，每一部分称为一________。

（8）窗体页眉位于窗体的________。

（9）窗体的主体节位于窗体的中心部分，________是窗体的核心部分，由多种控件组成。

（10）窗体的三种视图是设计视图、________、________。

（11）如果用多个表作为窗体的数据来源，就要先利用________创建一个查询。

（12）纵栏式窗体通常在一个窗体中只显示________记录。

（13）在窗体中可以使用________按钮来执行某项操作或某些操作。

（14）窗体中的窗体称为________。

（15）在 Access 中，创建主/子窗体有两种方法：一是利用向导同时创建主窗体和子窗体，二是将某窗体作为________加入另一个已有的窗体中。

（16）在同时显示具有关系的表或查询中的数据时，________子窗体特别有效。

（17）根据对象是否自身能容纳其他对象特性，一般分为________和________两类。

（18）事件是每个对象可能用以________的某些行为和动作。

（19）从外观上看与数据表和查询显示数据的界面相同的窗体是________。创建带有子窗体的窗体时，主窗体和子窗体的数据源之间必须具有________关系。

（20）组合框和列表框的主要区别是可以在________中输入数据，而在________中不可以。

3. 简答题

（1）简述窗体的分类和作用。

（2）Access 中的窗体共有哪几种视图？

（3）创建窗体有哪两种方式？如何创建窗体能够达到满意的效果？

（4）简述文本框的作用与分类。

（5）数据窗体的数据来源有哪几类？

（6）使用自动窗体方式创建窗体时，有哪些条件限制？可以通过此方式以形成哪几种不同显示方式的窗体？

# 第 6 章 报　表

1. **单选题**

（1）以下叙述正确的是________。

A. 报表只能输入数据　　B. 报表只能输出数据

C. 报表可以输入和输出数据　　D. 报表不能输入和输出数据

（2）在报表每一页的底部都输出信息，需要设置的区域是________。

A. 报表页眉　　B. 报表页脚　　C. 页面页眉　　D. 页面页脚

（3）如果设置报表上某个文本框的控件来源属性为“=7 Mod 4”，则打印预览视图中，该文本框显示的信息为________。

A. 未绑定　　B. 3　　C. 7 Mod 4　　D. 出错

（4）要在报表页中主体节区显示一条或多条记录，而且以垂直方式显示，应选择________。

A. 纵栏式报表类型　　B. 表格式报表类型

C. 图表报表类型　　D. 标签报表类型

（5）要显示格式为“Page 页码 of 总页数”的页码，应设置文本框的属性来源为________。

A. ="Page " & [Page]　　B. =[Page] & "/"& [Pages] & " Pages"

C. =[Page] & " of " & [Pages] & " Pages"　　D. ="Page " & [Page] & " of " & [Pages]

（6）在设计表格式报表过程中，如果控件版面布局按纵向布置显示，则会设计出________。

A. 标签报表　　B. 纵栏式报表　　C. 图表报表　　D. 自动报表

（7）通过________格式，可以一次性更改报表中所有文本的字体、字号及线条粗细等外观属性。

A. 自动套用　　B. 自定义　　C. 自创建　　D. 图表

（8）以下关于报表的叙述，正确的是________。

A. 在报表中必须包含报表页眉和报表页脚

B. 在报表中必须包含页面页眉和页面页脚

C. 报表页眉打印在报表每页的开头，报表页脚打印在报表每页的末尾

D. 报表页眉打印在报表第一页的开头，报表页脚打印在报表最后一页的末尾

（9）在________中，一般是以大字体将该份报表的标题放在报表顶端的一个标签控件中。

A. 报表页眉　　B. 页面页眉　　C. 报表页脚　　D. 页面页脚

（10）用来处理每条记录，其字段数据均须通过文本框或其他控件绑定显示的是________。

A. 主体　　B. 主体节　　C. 页面页眉　　D. 页面页脚

（11）在报表设计中，以下可以做绑定控件显示字段数据的是________。

A. 文本框　　B. 标签　　C. 命令按钮　　D. 图像

（12）下面关于列表框和组合框的叙述，正确的是________。

A. 列表框和组合框可以包含一列或几列数据

B. 可以在列表框中输入新值，而组合框不能

C. 可以在组合框中输入新值，而列表框不能

D. 在列表框和组合框中均可以输入新值

（13）要实现报表的分组统计，其操作区域是________。

A. 报表页眉或报表页脚区域　　B. 页面页眉或页面页脚区域

C. 主体区域　　D. 组页眉或组页脚区域

（14）以下关于报表的叙述，正确的是________。

A. 在报表中可以进行排序但不能进行分组　　B. 子报表只能通过报表向导创建

C. 交叉表报表是用交叉表报表向导创建的　　D. 交叉表报表的数据源应该是交叉表查询

（15）要使用于数据输入的数据访问页在打开时就具有一个空记录，应该设置页的________。

A. DefaultValue 属性　　B. DataEntry 属性

C. DataType 属性　　D. DataBase 属性

（16）要在输入某日期/时间型字段值时自动插入当前系统日期，在该字段的默认值属性框中输入下列哪一个表达式？________

A. Date()　　B. Date[]　　C. Time()　　D. Time[]

（17）要计算报表中所有学生的“数学”课程的平均成绩，在报表页脚节内对应“数学”字段列的位置添加一个文本框计算控件，应该设置其控件来源属性为________。

A. =Avg([数学])　　B. Avg([数学])　　C. =Sum([数学])　　D. Sum([数学])

（18）如果设置报表上某个文本框的控件来源属性为"=2*3+1"，则打开报表视图时，该文本框显示的信息是________。

A. 未绑定　　B. 7　　C. 2*3+1　　D. 出错

（19）用来显示整份报表的汇总说明，在所有记录都被处理后，只打印在报表的结束处的报表组成部分是________。

A. 页面页脚　　B. 报表页脚　　C. 页面页眉　　D. 报表页眉

（20）数据访问页在数据库中保存的形式是________。

A. 数据表　　B. 报表　　C. 快捷方式　　D. Web 页

（21）________控件是数据访问页特有的控件。

A. 导航按钮　　B. 命令按钮　　C. 选项组　　D. 文本框

（22）在关于报表数据源设置的叙述中，以下正确的是________。

A. 可以是任意对象　　B. 只能是表对象

C. 只能是查询对象　　D. 可以是表对象或查询对象

（23）用来查看报表页面数据输出形态的视图是________。

A.“设计”视图　　B.“打印预览”视图

C.“报表预览”视图　　D.“版面预览”视图

（24）在使用报表设计器设计报表时，如果要统计报表中某个字段的全部数据，应将计算表达式放在________。

A. 组页眉/组页脚　　B. 页面页眉/页面页脚
C. 报表页眉/报表页脚　　D. 主体

（25）使用________创建报表时会提示用户输入相关的数据源、字段和报表版面格式等信息。

A. 自动报表　　B. 报表向导　　C. 图标向导　　D. 标签向导

（26）在报表设计时，如果只在报表最后一页的主体内容之后输出规定的内容，则需要设置的是________。

A. 报表页眉　　B. 报表页脚　　C. 页面页眉　　D. 页面页脚

（27）如果要在整个报表的最后输出信息，需要设置________。

A. 页面页脚　　B. 报表页脚　　C. 页面页眉　　D. 报表页眉

（28）Access 报表对象的数据源可以是________。

A. 表、查询和窗体　　B. 表和查询
C. 表、查询和 SQL 命令　　D. 表、查询和报表

（29）下列关于报表的叙述中，正确的是________。

A. 报表只能输入数据　　B. 报表只能输出数据
C. 报表可以输入和输出数据　　D. 报表不能输入和输出数据

（30）要实现报表按某字段分组统计输出，需要设置的是________。

A. 报表页脚　　B. 该字段的组页脚　　C. 主体　　D. 页面页脚

（31）在设计报表的过程中，如果要进行强制分页，应使用的工具图标是________。

A.　　B.　　C.　　D.

（32）在报表设计过程中，不适合添加的控件是________。

A. 标签控件　　B. 图形控件　　C. 文本框控件　　D. 选项组控件

（33）在报表中，要计算“数学”字段的最低分，应将控件的“控件来源”属性设置为________。

A. =Min([数学])　　B. =Min(数学)　　C. =Min[数学]　　D. Min(数学)

（34）在报表中要显示格式为“共 N 页，第 N 页”的页码，正确的页码格式设置是________。

A. ="共"+Pages+"页，第"+Page+"页"　　B. ="共"+[Pages]+"页，第"+[Page]+"页"
C. ="共"&Pages&"页，第"&Page&"页"　　D. ="共"&[Pages]&"页，第"&[Page]"页"

（35）从下图所示的报表设计视图中，可以判断该报表的分组字段是________。

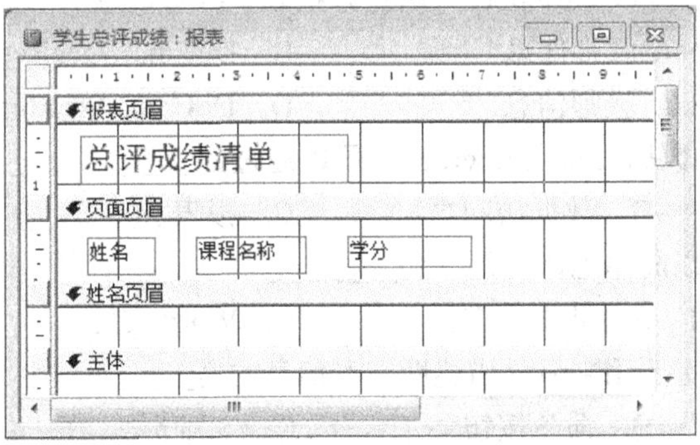

A. 课程名称　　B. 学分　　C. 成绩　　D. 姓名

（36）在报表设计的工具栏中，用于修饰版面以达到更好显示效果的控件是________。

A. 直线和多边形　　B. 直线和矩形　　C. 直线和圆形　　D. 矩形和圆形

(37) 要在报表中输出时间，设计报表时要添加一个控件，且需要将该控件的"控件来源"属性设置为时间表达式，最合适的控件是________。

A. 标签　　B. 文本框　　C. 列表框　　D. 组合框

(38)在报表中,若要得到"数学"字段的最高分,应将控件的"控件来源"属性设置为________。

A. =Max{[数学]}　　B. =Max{"数学"}　　C. =Max[数学]　　D. =Max"[数学]"

(39) 要设置在报表第一页的顶部输出的信息，需要设置________。

A. 页面页脚　　B. 报表页脚　　C. 页面页眉　　D. 报表页眉

(40) 报表输出不可缺少的内容是________。

A. 主体内容　　B. 页面页眉内容　　C. 页面页脚内容　　D. 报表页眉

(41) 要设置在报表每一页的顶部都输出的信息，需要设置________。

A. 报表页眉　　B. 报表页脚　　C. 页面页眉　　D. 页面页脚

(42) 如果设置报表上某个文本框的控件来源属性为"=2*4+1"，则打开报表视图时，该文本框显示信息是________。

A. 未绑定　　B. 9　　C. 2*4+1　　D. 出错

(43) 可以建立多层次的组页眉及组页脚，但一般不超过________。

A. 2~4 层　　B. 3~6 层　　C. 4~8 层　　D. 5~9 层

(44) 将数据以图表形式显示出来可以使用________。

A. 自动报表向导　　B. 报表向导　　C. 图表向导　　D. 标签向导

(45) 要进行分组统计并输出，统计计算控件应该设置在________。

A. 报表页眉/报表页脚　　B. 页面页眉/页面页脚

C. 组页眉/组页脚　　D. 主体

(46) 要显示格式为日期或时间，应当设置文本框的控件来源属性是________。

A. date( ) 或 time( )　　B. = date( ) 或=time( )

C. date( ) & "/" &time( )　　D. =date( ) & "/" &time( )

(47) 在报表上显示格式为"5/总 18 页"的页码，则计算控件的控件来源应设置为________。

A. [page]/总[pages]　　B. = [page]/总[pages]

C. [page] & "/总" &[pages]　　D. =[page] & "/总" &[pages]

(48) 用 DoCmd 对象的 OpenReport 方法打开报表"教师信息"的语句格式为________。

A. DoCmd OpenReport"教师信息"　　B. DoCmd.OpenReport"教师信息"

C. DoCmd OpenReport 教师信息　　D. DoCmd.OpenReport 教师信息

(49) 将 Access 中的数据发布在 Internet 上可以通过________。

A. 窗体　　B. 数据访问页　　C. 报表　　D. 数据库

(50) 数据访问页可以简单地认为是一个________。

A. 网页　　B. 数据库文件　　C. Word 文件　　D. 子表

(51) 数据访问页中主要用来显示描述性文本信息的是________。

A. 标签　　B. 命令按钮　　C. 文本框　　D. 滚动文字

(52) 使用________可以帮助用户很容易地创建一个具有专业水平的数据访问页。

A. 节　　B. 标题　　C. 主题　　D. 表格

**2. 填空题**

(1) 在________或________添加计算字段是对某些字段的一组记录或所有记录进行求和或求

平均统计计算的。

（2）在报表设计中，可以添加________控件来控制另起一页输出显示。

（3）查看生成的数据访问页的样式的一种视图方式是________，用于查看报表的版面设置是指________。

（4）报表输出不可缺少的内容是________，要实现报表按某字段分组统计输出，需要设置________。

（5）一张完整的报表一般包括________、________、________、________、________、________和________。不过，通常可以根据需要省略其中一些部分。在报表向导中设置字段排序时，一次最多能设置________个字段。

（6）利用________不仅可以创建计算字段，而且可以对记录进行分组，以便计算出各组数据的汇总结果等。

（7）在“设计”视图中预览报表的方法是在“设计”视图中，单击工具栏中的________按钮。

（8）报表中的记录是按照自然顺序，即数据输入的________顺序来排列显示的。

（9）在________或________添加计算字段对某些字段的一组记录或所有记录进行求和或求平均统计计算时，这种形式的统计计算一般是对报表字段列的纵向记录数据进行统计，而且要使用Access 提供的________ 来完成相应计算操作。

（10）除了可以使用自动报表和向导功能创建报表外，在 Access 中还可以使用________创建一个新报表。

（11）在 Access 中，“自动创建报表”向导分为：自动式创建报表:纵栏式和________两种。

（12）子报表在链接到主报表之前，应当确保已经正确建立了________。

（13）报表通过________可以实现同组数据的汇总和显示输出。

（14）纵栏式报表也称为________。

（15）目前比较流行的报表有 4 种，它们是纵栏式报表、表格式报表、图表报表和________。

（16）报表页眉的内容只在报表的________打印输出 。

（17）在 Access 中，报表设计时分页符以________标志显示在报表的左边界上。

**3．简答题**

（1）有哪些常用的报表类型？它们各有什么特点？

（2）报表由哪几部分组成？每部分的作用是什么？

（3）有哪几种创建报表的方式？它们各有什么特点？

（4）如何在报表中添加分页符？

# 第7章 宏

1．单选题

（1）某窗口中有一个按钮，在“窗体视图”中单击此按钮，运行另一个应用程序。如果调用宏对象完成此功能，则需要执行的宏操作是________。

A．RunApp　　B．RunCode　　C．RunMacro　　D．RunSQL

（2）为窗体或报表上的控件设置属性值的宏操作是________。

A．Beep　　B．Echo　　C．MsgBox　　D．SetValue

（3）要限制宏命令的操作范围，可以在创建宏时定义________。

A．宏操作对象　　B．宏条件表达式

C．窗体或报表控件属性　　D．宏操作目标

（4）在宏的条件表达式中，要引用 rptT 报表上名为 txtName 控件的值，可以使用的引用表达式是________。

A．Reports!rptT!txtName　　B．Report!txtName

C．rptT!txtName　　D．txtName

（5）在 Access 中，自动启动宏的名称是________。

A．autoexec　　B．auto　　C．auto.bat　　D．autoexec.at

（6）用于从其他数据导入和导出数据的宏命令是________。

A．TransferDatabase　　B．TransferText　　C．Restore　　D．SetWarnings

（7）用于指定当前记录的宏命令是________。

A．Requery　　B．FindRecord　　C．GoToControl　　D．GoToRecord

（8）为窗体或报表上的控件设置属性值的宏命令是________。

A．Echo　　B．MsgBox　　C．Beep　　D．SetValue

（9）要在宏的执行过程中暂停宏的执行，按________组合键。

A．Alt+Ctrl+Del　　B．Ctrl+Del　　C．Alt+Ctrl+Break　　D．Ctrl+Break

（10）要运行宏的窗体上的“国家”字段值是 UK，在“销售总数”窗体内的“订货总数”字段值大于 100 的宏的表达式为________。

A．[国家]="UK" And Forms.[销售总数].[订货总数]>100

B．[国家]="UK" And Forms![销售总数].[订货总数]>100

C．[国家]=UK　And Forms![销售总数]![订货总数]>100

D．[国家]="UK" And Forms![销售总数]![订货总数]>100

（11）用于指定当前记录的宏命令是________。

A. findrecord　　B. nextrecord　　C. gotorecord　　D. gorecord

（12）用于查找满足指定条件的第一条记录的宏命令是________。

A. Requery　　B. FindRecord　　C. FindNext　　D. GoToRecord

（13）能够创建宏的设计器是________。

A. 窗体设计器　　B. 报表设计器　　C. 表设计器　　D. 宏设计器

（14）下列有关宏操作的叙述，错误的是________。

A. 宏的条件表达式中不能引用窗体或报表的控件值

B. 所有宏操作都可以转化为相应的模块代码

C. 使用宏操作可以启动其他应用程序

D. 可以利用宏组来管理相关的一系列宏

（15）下列关于宏的描述，错误的是________。

A. 宏是一个对象，主要功能是使操作自动进行

B. 宏是由一个或多个操作组成的集合，其中的每个操作能够自行实现特定的功能

C. 宏可以是包含操作序列的一个宏，也可以是一个宏组

D. 一个宏中的各个操作命令，运行时都会执行，不会只执行其中的部分操作

（16）在 Access 中，如果不想在打开数据库时运行 AutoExec 宏，可在打开数据库时按________。

A. Delete 键　　B. Ctrl+Delete 组合键

C. Shift 键　　D. Ctrl+Shift 组合键

（17）下列宏操作的参数不能使用表达式的是________。

A. GoToRecord　　B. MsgBox　　C. OpenTable　　D. Maximize

（18）在宏的条件表达式中，要引用“客户”窗体上名为 txtName 控件的值，可以使用的引用表达式是________。

A. Forms!客户!txtName!　　B. Forms!客户!txtName

C. Form!txtName　　D. txtName

（19）在设计条件宏时，对于连续重复的条件，要替代重复条件式可以使用下面的_______符号。

A. …　　B. =　　C. ,　　D. ;

（20）要在 VBA 中运行宏组 Form Switchboard Buttons 中的宏 Categories，运行代码为________。

A. RunMacro "Forms Switchboard Buttons.Categories"

B. DoCmd.RunMacro "Forms Switchboard Buttons.Categories"

C. DoCmd.RunMacro　Forms Switchboard Buttons.Categories

D. RunMacro Forms Switchboard Buttons.Categories

（21）在宏的表达式中，要引用 rptT 报表上名为 HiddenPageBreak 控件的 Visible 属性，可以使用的表达式是________。

A. rptT.HiddenPageBreak.Visible　　B. Reports.rptT.HiddenPageBreak.Visible

C. rptT!HiddenPageBreak.Visible　　D. Reports!rptT!HiddenPageBreak.Visible

（22）在宏的表达式中要引用报表 test 上控件 txtName 的值，可以使用引用式________。

A. txtName　　B. test!txtName

C. Reports!test!txtName D. Report!txtName

（23）要在 VBA 中运行宏组 Form Switchboard Buttons 中的宏 Categories，运行代码为________。

A. RunMacro "Forms Switchboard Buttons.Categories"

B. DoCmd.RunMacro "Forms Switchboard Buttons.Categories"

C. DoCmd.RunMacro Forms Switchboard Buttons.Categories

D. RunMacro Forms Switchboard Buttons.Categories

（24）下列关于宏操作的描述，错误的是________。

A. Access 中的宏操作，都可以在模块对象中通过编写 VBA 语句来达到相同的功能

B. 在宏组的操作中，可以使用条件来控制宏的操作流程

C. 用 StopMacro 操作可停止当前正在运行的宏

D. 在宏的条件表达式中不能引用窗体或报表的控键值

（25）引用窗体控件的值，可以使用的宏表达式是________。

A. Forms! 控件名！窗体名 B. Forms! 窗体名！控件名

C. Forms! 控件名 D. Forms! 窗体名

（26）某窗体中有一个命令按钮，在窗体视图中单击此命令按钮打开另一个窗体，需要执行的宏操作是________。

A. OpenQuery B. OpenReport C. OpenWindows D. OpenForm

（27）引用报表控件的值，可以使用的宏表达式是________。

A. reprots !报表名 B. reports !控件名

C. reports! 控件名！报表名 D. reports! 报表名！控件名

（28）在一个宏的操作序列中，如果既包含带条件的操作，又包含无条件的操作，则带条件的操作是否执行取决于条件式的真假，而没有指定条件的操作则会________。

A. 无条件执行 B. 有条件执行 C. 不执行 D. 出错

（29）为窗体或报表上的控件设置属性值的正确宏操作命令是________。

A. Set B. SetData C. SetWarnings D. SetValue

（30）使用宏组的目的是________。

A. 设计出功能复杂的宏 B. 设计出包含大量操作的宏

C. 减少程序内存消耗 D. 对多个宏进行组织和管理

（31）在宏的调试中，可配合使用设计器上的________工具按钮。

A.“调试” B.“条件” C.“单步” D.“运行”

（32）在一个数据库中已经设置了自动宏 AutoExec，如果在打开数据库时不想执行这个自动宏，正确的操作是________。

A. 按 Enter 键打开数据库 B. 打开数据库时按住 Alt 键

C. 打开数据库时按住 Ctrl 键 D. 打开数据库时按住 Shift 键

（33）假设某数据库已建有宏对象“宏 1”，“宏 1”中只有一个宏操作 SetValue，其中第一个参数项目为[Label0].[Caption]，第二个参数表达式为[Text0]。窗体 fmTest 中有一个标签 Label0 和一个文本框 Text0，现设置控件 Text0 的“更新后”事件为运行“宏 1”，则结果是________。

A. 将文本框清空 B. 将标签清空

C. 将文本框中的内容复制给标签的标题，使二者显示相同的内容

D. 将标签的标题复制到文本框，使二者显示相同的内容

（34）打开查询的宏操作是________。

A. OpenForm　　B. OpenQuery　　C. OpenTable　　D. OpenModule

（35）不能使用宏的数据库对象是________。

A. 数据表　　B. 窗体　　C. 宏　　D. 报表

（36）在宏的表达式中要引用报表 date 上控件 txt name 的值，可以使用引用式________。

A. date !txt name　　B. reports ! date!txt name

C. txt name　　D. reprot !txt name

（37）在运行宏的过程中，宏不能修改的是________。

A. 窗体　　B. 宏本身　　C. 表　　D. 数据库

（38）在设计条件宏时，对于连续重复的条件，要代替重复条件表达式可以使用符号________。

A. …　　B. :　　C. !　　D. =

（39）在宏的参数中，要引用窗体 F1 上的 Text1 文本框的值，应该使用的表达式是________。

A. [Forms]![F1]![Text1]　　B. Text1

C. [F1].[Text1]　　D. [Forms]_[F1]_[Text1]

（40）宏操作 Quit 的功能是________。

A. 关闭表　　B. 退出宏　　C. 退出查询　　D. 退出 Access

（41）下列叙述中，错误的是________。

A. 宏能够一次完成多个操作　　B. 可以将多个宏组成一个宏组

C. 可以用编程的方法来实现宏　　D. 宏命令一般由动作名和操作参数组成

（42）为窗体或报表的控件设置属性值的正确宏操作命令是________。

A. Set　　B. SetData　　C. SetValue　　D. SetWarnings

（43）某学生成绩管理系统的主窗体如下图左所示，单击“退出系统”按钮会弹出下图右侧的“请确认”提示框；只有继续单击“是”按钮，才会关闭主窗体退出系统，如果单击“否”按钮，则会返回主窗体继续运行系统。

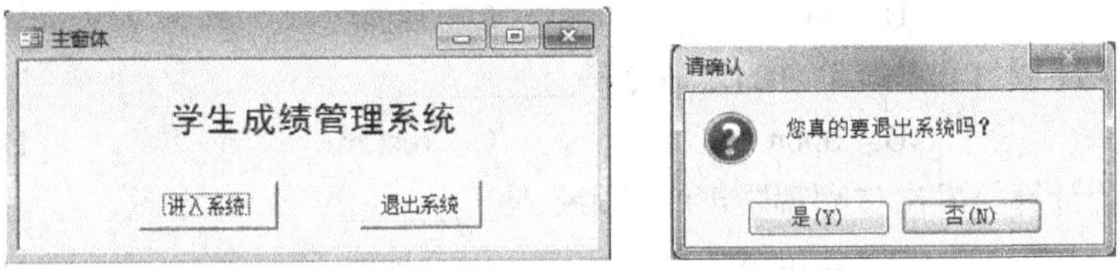

主窗体
学生成绩管理系统
进入系统　退出系统

请确认
您真的要退出系统吗？
是(Y)　否(N)

为了达到这样的运行效果，在设计主窗体时为“退出系统”按钮的“单击”事件设置了一个“退出系统”宏，正确的宏设计是________。

A. 退出系统：宏

| 条件 | 操作 |
| --- | --- |
| MsgBox("你真的要退出系统吗？",4+32+256,"请确认")=6 | Close |

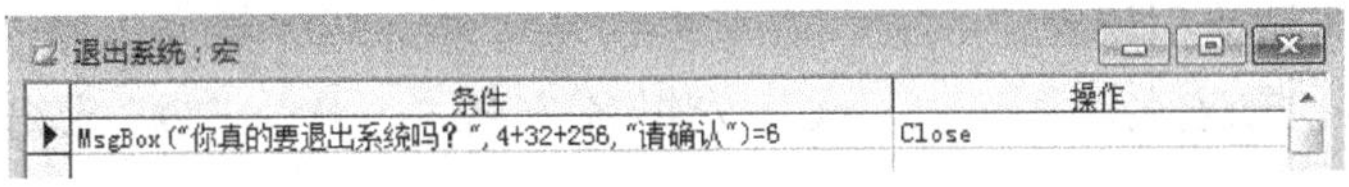

B. 退出系统：宏

| 条件 | 操作 |
| --- | --- |
| MsgBox("你真的要退出系统吗？",4+32+256,"请确认") | Close |

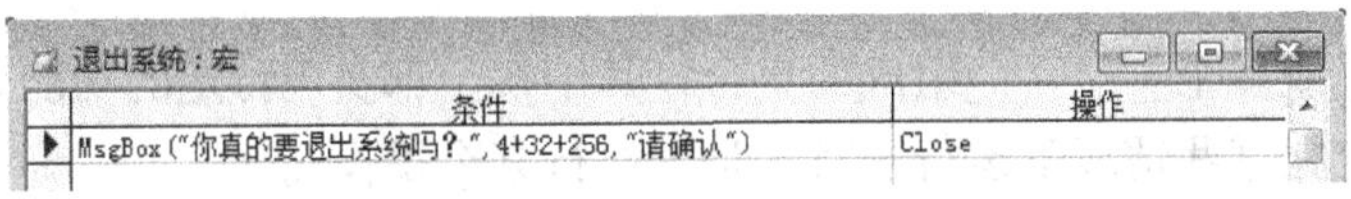

C. 退出系统：宏

| 条件 | 操作 |
| --- | --- |
| [Close] | MsgBox |

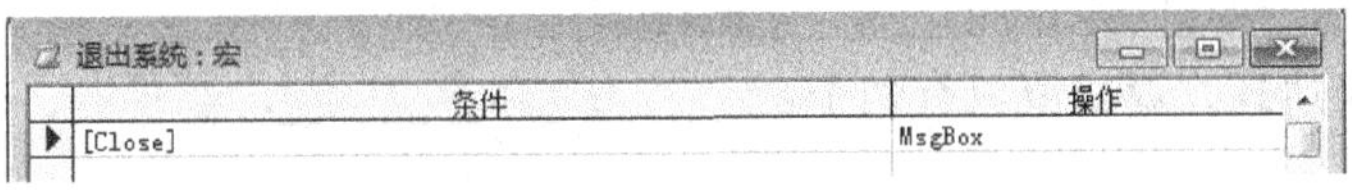

D. 退出系统：宏

| 条件 | 操作 |
| --- | --- |
| Close("主窗体") | MsgBox |

（44）在宏设计窗口中有“宏名”“条件”“操作”和“备注”等列，其中不能省略的是________。

A. 宏名　　B. 操作　　C. 条件　　D. 备注

（45）宏操作不能处理的是________。

A. 打开报表　　B. 对错误进行处理

C. 显示提示信息　　D. 打开和关闭窗体

（46）有关宏的基本概念，以下叙述错误的是________。

A. 宏是由一个或多个操作组成的集合

B. 宏可以是包含操作序列的一个宏

C. 可以为宏定义各种类型的操作

D. 由多个操作构成的宏，可以没有次序地自动执行一连串的操作

（47）用于执行指定的外部应用程序的宏命令是________。

A. RunApp　　B. RunForm　　C. RunValue　　D. RunSQL

（48）用于打开报表的宏命令是________。

A. openform　　B. openreport　　C. opensql　　D. openquery

（49）宏组是由________组成的。

A. 若干宏　　B. 若干宏操作　　C. 程序代码　　D. 模块

（50）VBA 的自动运行宏，应当命名为________。

A. Echo　　B. Autoexec　　C. Autobat　　D. Auto

（51）________可以一次执行多个操作。

A. 数据访问页　　B. 菜单　　C. 宏　　D. 报表

（52）定义________有利于数据库中宏对象的管理。

A. 宏　　B. 宏组　　C. 宏操作　　D. 宏定义

（53）在 Access 系统中提供了________执行的宏调试工具。

A. 单步　　B. 同步　　C. 运行　　D. 继续

（54）用于关闭或打开系统消息的宏命令是________。

A. close　　B. open　　C. restore　　D. setwarnings

（55）用于使计算机发出“嘟嘟”声的宏命令是________。

A. echo　　B. msgbox　　C. beep　　D. restore

（56）用于退出 Access 的宏命令是________。

A. Creat　　B. Quit　　C. Ctrl+All+Del　　D. Close

（57）使用以下________方法来引用宏。

A. 宏名.宏组名　　B. 宏.宏名　　C. 宏组名.宏名　　D. 宏组名.宏

**2. 填空题**

（1）宏是由一个________或多个________组成的集合，其中每个都实现特定的功能。

（2）使用________可确定在某些情况下运行宏时，是否执行某个操作 。

（3）由多个操作构成的宏，执行时是按照________执行。

（4）宏中条件项是逻辑表达式，返回值只有两个：________和________。

（5）宏是 Access 的一个对象，其主要功能是________。

（6）在宏中添加了某个操作之后，可以在宏设计窗体的下部设置这个操作的________。

（7）定义________有利于数据库中宏对象的管理。

（8）在宏中加入________，可以限制宏只有在满足一定的条件时才能完成某种操作。

（9）经常使用的宏运行方法是：将宏赋予某一窗体或报表控件的________，通过触发事件运行宏或宏组。

（10）实际上，所有宏操作都可以转换为相应的模块代码，它可以通过________来完成。

（11）宏的使用一般是通过窗体、报表中的________实现的。

（12）运行宏有两种选择：一是依照宏命令的排列顺序连续执行宏操作，二是依照宏命令的排列顺序________。

（13）宏组事实上是一个冠有________的多个宏的集合。

（14）如果要建立一个宏，希望执行该宏后，首先打开一个表，然后打开一个窗体，那么在该宏中应该使用 OpenTable 和________两个操作命令。

（15）在设计条件宏时，对于连续重复的条件，可以用符号________来代替重复条件式。

（16）直接运行宏组时，只执行包含的________的所有宏命令。

（17）引用宏组中的宏，采用的语法是________。

（18）在宏的表达式中引用窗体控件的值可以用________表达式。

（19）________实际上是一系列操作的集合。

（20）打开宏设计窗口后，默认的只有________和________两列，要添加“宏名”列应该单击工具栏上的________按钮；要添加“条件”列应该单击工具栏上的________按钮。

（21）VBA 的自动运行宏，即在数据库打开时自动执行，必须命名为________。

（22）打开一个表应该使用的宏操作是________；打开一个查询应该使用的宏操作是________；打开一个报表应该使用的宏操作是________。

（23）宏不能独立执行，要与能够________宏的________关联。当触发了，才会执行这个________。

（24）宏操作中________操作的功能是显示消息信息。

（25）定义宏组将会更加便于数据库中宏对象的________。

（26）建立了一个窗体，窗体中有一个命令按钮，单击此按钮，将打开一个查询，查询名为“查询 1”，如果采用 VBA 代码完成，应使用的语句是________。

（27）用于执行指定 SQL 语句的宏操作是________。

（28）在建立宏的过程中，可能会遇到各种原因致使宏不能正常运行，或者不能完成预定的功能。在 Access 中，可以使用________命令对宏进行测试。

（29）Access 的窗体或报表事件可以有两种方法来响应：宏对象和________。

**3. 简答题**

（1）什么是宏？

（2）如何将宏转换成相应的 VBA 代码？

（3）有几种类型的宏？宏有几种视图？

（4）宏的作用是什么？创建 Autokeys 宏组的作用是什么？

（5）为窗体创建菜单栏，要分成哪几个大的过程？

# 第 8 章 VBA 编程基础

1. 单选题

（1）定义了二维数组 A（2 to 5,5）该数组的元素个数为________。

A. 20　　B. 24　　C. 25　　D. 36

（2）在 VBA 中，如果没有显式声明或用符号来定义变量的数据类型，变量的默认数据类型为________。

A. Booleam　　B. Int　　C. String　　D. Variant

（3）使用 VBA 的逻辑值进行算术运算时，True 值被处理为________。

A. -1　　B. 0　　C. 1　　D. 任意值

（4）要将 Double 型数据 aaa 转换为 Currency 型数据 bbb，下列转换正确的是________。

A. bbb=CBool(aaa)　　B. bbb=CDbl(aaa)

C. bbb=CStr(aaa)　　D. bbb=CCur(aaa)

（5）已知程序段：

```
s=0
For i=1 to 10  step 2
s=s+1
i=i*2
Next i
```

当循环结束后，变量 i 的值为________。

A. 10　　B. 11　　C. 22　　D. 16

（6）给定日期 DD，可以计算该日期当月最大天数的正确表达式是________。

A. Day(DD)

B. Day(DateSerial(Year(DD),Month(DD),Day(DD)))

C. Day(DateSerial(Year(DD),Month(DD),0))

D. Day(DateSerial(Year(DD),Month(DD)+1,0))

（7）下列关于标准模块的描述，错误的是________。

A. 通常安排一些公共变量或过程供类模块里的过程调用

B. 公共变量和公共过程具有全局特性

C. 内部可以定义私有变量和私有过程仅供本模块内部使用

D. 作用范围局限在窗体或报表内部，生命周期伴随着窗体或报表的打开而开始，关闭而结束

（8）要将数组的默认下标下限由 0 改为 1，则在模块的声明部分使用________。

A. Option Base 1/0　　B. Option Explict 1/0

C. Option Base 0/1　　D. Option Explict 0/1

（9）VBA 中，可以从特定记录集中检索特定字段值的函数为________。

A. Nz　　B. DLookup　　C. DCount　　D. DAvg

（10）下列选项中能描述输入掩码“&”字符含义的是________。

A. 可以选择输入任何字符或一个空格　　B. 必须输入任何字符或一个空格

C. 必须输入字母或数字　　D. 可以选择输入字母或数字

（11）VBA 中用于关闭错误处理的语句是________。

A. On Error GoTo ErrHandler　　B. On Error Rseume Next

C. On Error GoTo 标号　　D. On Error GoTo 0

（12）VBA 中定义符号常量可以用关键字________。

A. Const　　B. Dim　　C. Public　　D. Static

（13）在 VBA 代码调试过程中，能够显示出当前过程中的所有变量声明及变量值信息的是________。

A. 快速监视窗口　　B. 监视窗口　　C. 立即窗口　　D. 本地窗口

（14）Access 中能返回数值表达式值的符号值的标准函数是________。

A. Int(数值表达式)　　B. Abs(数值表达式)

C. Sqr(数值表达式)　　D. Sgn(数值表达式)

（15）VBA 的自动运行宏应当命名为________。

A. AutoExec　　B. Autoexe　　C. Auto　　D. AutoExeC. bat

（16）循环结构

```
    For K=2 To 12 Step 2
        K=2*K
Next  K
```

循环次数为________。

A. 1　　B. 2　　C. 3　　D. 4

（17）在 VBA 代码调试过程中，能够动态显示出一些变量和表达式值的变化情况的是________。

A. 本地窗口　　B. 监视窗口　　C. 快速监视窗口　　D. 立即窗口

（18）定义了二维数组 A（2to5，5），则该数组的元素个数为________。

A. 25　　B. 36　　C. 20　　D. 24

（19）下列对键盘事件“键按下”描述，正确的是________。

A. 在控件或窗体具有焦点时，在键盘上按任何键所发生的事件

B. 在控件或窗体具有焦点时，释放一个按下的键所发生的事件

C. 在控件或窗体具有焦点时，当按下并释放一个键或键组合时发生的事件

D. 在控件或窗体具有焦点时，当按下或释放一个键或键组合时发生的事件

（20）在设计有参函数时，要在调用过程内部对形参的任何操作引起的形参值的变化均不会反馈、影响实参的值，其设置选项应为________。

A. ByRef　　B. ByVal　　C. Optional　　D. ParamArray

（21）VBA 中，以对话框的形式打开名为 StudentForm 窗体的格式为________。

A. DoCmd.OPenForm "StudentForm",acDialog

B. DoCmd.OPenForm "StudentForm",acWindowNormal

C. DoCmd.OPenForm "StudentForm",,,,adWindowNormal

D. DoCmd.OPenForm "StudentForm",,,,adDialog

（22）表达式 Val("76af89")的返回值为________。

A. 76af89　　B. 76　　C. 7689　　D. 7

（23）VBA 中不能进行错误处理的语句结构是________。

A. On Error Then 标号　　B. On Error Goto 标号

C. On Error Resume Next　　D. On Error Goto 0

（24）下列函数中能返回数值表达式的整数部分值的是________。

A. Abs(数字表达式)　　B. Int(数值表达式)

C. Sqr(数值表达式)　　D. Sgn(数值表达式)

（25）下列表达式能实现将变量 *a* 和 *b* 中值小的存放在变量 Min 中的是________。

A. Min=IIf(a>b,a,b)　　B. Min=IIf(a>b,b,a)

C. Min=IIf(a<b,b,a)　　D. 以上答案都不对

（26）在代码调试时，使用 Debug.Print 语句显示指定变量结果的窗口是________。

A. 立即窗口　　B. 监视窗口

C. 本地窗口　　D. 属性窗口

（27）在 VBA 的“定时”操作中，需要设置窗体的“计时器间隔（TimerInterval）”属性值。其计量单位是________。

A. 微秒　　B. 毫秒　　C. 秒　　D. 分

（28）下列选项中，不是 Access 窗体事件的是________。

A. Load　　B. Unload　　C. Exit　　D. Activate

（29）通配任何单个字母的通配符是________。

A. #　　B. !　　C. ?　　D. []

（30）将所有字符转换为小写的输入掩码是________。

A. >　　B. <　　C. !　　D. \

（31）定义静态变量的关键字是________。

A. Dim　　B. Public　　C. Static　　D. Variant

（32）已知字符串 Str$()的定义语句为 Dim Str$(1 to 30)，下列循环语句能实现将 A ~ Z 的大写字母赋予字符数组 Str$()的是________。

A.
```
For i=1 To 26
  Str$(i)=Chr$(i+65)
Next i
```

B.
```
For i=1 To 25
  Str$(i)=Chr$(i+64)
Next i
```

C.
```
For i=0 To 25
  Str$(i)=Chr$(i+64)
Next i
```

D.
```
For i=0 To 25
  Str$(i)=Chr$(i+65)
Next i
```

（33）以下内容中不属于 VBA 提供的数据验证函数的是________。

A. IsText　　B. IsDate　　C. IsNumeric　　D. IsNull

（34）已知数组 A 的定义语句为 Dim A(2 To 5,5,5) As Integer，则该数组的元素个数为________。

A. 144　　B. 180　　C. 216　　D. 不确定

（35）以下可以得到“2*5=10”结果的 VBA 表达式为________。

A. "2*5" & "=" & 2*5　　B. 2*5"+"="+2*5

C. 2*5 & "=" 2*5　　D. 2*5 + "=" + 2*5

（36）以下程序段运行后，消息框的输出结果是________。

```
a=sqr(3)
b=sqr(2)
c=a>b
Msgbox c+2
```

A. -1　　B. 1　　C. 2　　D. 出错

（37）执行语句：MsgBox"AAAA",vbOkCancel+vbQuestion,"BBBB"之后，弹出的信息框外观样式是________。

A.

BBBB
AAAA
确定　取消

B.

AAAA
BBBB
确定　取消

C.

BBBB
AAAA
确定　取消

D.

AAAA
BBBB
确定　取消

（38）用于获得字符串 Str 从第 2 个字符开始的 3 个字符的函数是________。

A. Mid(Str,2,3)　　B. Middle(Str,2,3)

C. Right(Str,2,3)　　D. Left(Str,2,3)

（39）下列逻辑表达式中，能正确表示条件“x 和 y 都是奇数”的是________。

A. x Mod 2 =1 Or y Mod 2 =1　　B. x Mod 2 =0 Or y Mod 2=0

C. x Mod 2 =1 And y Mod 2 =1　　D. x Mod 2 =0 And y Mod 2=0

（40）假定有以下循环结构。

```
Do Until 条件
循环体
Loop
```

则正确的叙述是________。

A. 如果“条件”值为 0，则一次循环体也不执行

B. 如果“条件”值为 0，则至少执行一次循环体

C. 如果“条件”值不为 0，则至少执行一次循环体

D. 不论“条件”是否为“真”，都至少执行一次循环体

（41）假定有以下程序段。

```
n=0
for i=1 to 3
for j= -4 to -1
   n=n+1
next j
next i
```

运行完毕后，*n* 的值是________。

A. 0　　B. 3　　C. 4　　D. 12

（42）两个或两个以上模块之间关联的紧密程度称为________。

A. 耦合度　　B. 内聚度

C. 复杂度　　D. 数据传输特性

（43）VBA 程序的多条语句可以写在一行中，其分隔符必须使用符号________。

A. :　　B. '　　C. ;　　D. ,

（44）VBA 表达式 3*3\3/3 的输出结果是________。

A. 0　　B. 1　　C. 3　　D. 9

（45）现有一个已经建好的窗体，窗体中有一个命令按钮，单击此按钮，将打开 tEmployee 表，如果采用 VBA 代码完成，下面语句正确的是________。

A. DoCmd.openform "tEmplyee"　　B. DoCmd.openview "tEmplyee"

C. DoCmd.opentable "tEmplyee"　　D. DoCmd.openreport "tEmplyee"

（46）以下程序段运行结束后，变量 *x* 的值为________。

```
x=2
y=4
Do
  x=x*y
  y=y+1
Loop While y<4
```

A. 2　　B. 4　　C. 8　　D. 20

（47）Sub 过程与 Function 过程最根本的区别是________。

A. Sub 过程的过程名不能返回值，而 Function 过程能通过过程名返回值

B. Sub 过程可以使用 Call 语句或直接使用过程名调用，而 Function 过程不可以

C. 两种过程参数的传递方式不同

D. Function 过程可以有参数，Sub 过程不可以

（48）窗口事件是指操作窗口时引发的事件。下列事件中，不属于窗口事件的是________。

A. 打开　　B. 关闭　　C. 加载　　D. 取消

（49）有如下语句：

```
s = Int(100*Rnd)
```

执行完毕后，s 的值是________。

A. [0，99]的随机整数　　B. [0，100]的随机整数

C. [1，99]的随机整数　　D. [1，100]的随机整数

（50）InputBox 函数的返回值类型是________。

A. 数值　　B. 字符串

C. 变体　　D. 数值或字符串（视输入的数据而定）

（51）设有如下程序：

```
Private Sub Command1_Click()
Dim sum As Double, x As Double
sum=0
n=0
For i=1 To 5
  x=n/i
  n=n+1
sum=sum+x
Next i
End Sub
```

该程序通过 For 循环来计算一个表达式的值，这个表达式是________。

A. 1+1/2+2/3+3/4+4/5　　B. 1+1/2+1/3+1/4+1/5

C. 1/2+2/3+3/4+4/5　　D. 1/2+1/3+1/4+1/5

（52）下列 Case 语句中，错误的是________。

A. Case 0 To 10　　B. Case Is>10

C. Case Is>10 And Is<50　　D. Case 3,5,Is>10

（53）使用 Function 语句定义一个函数过程，其返回值的类型________。

A. 只能是符号常量　　B. 是除数组之外的简单数据类型

C. 可在调用时由运行过程决定　　D. 由函数定义时 AS 子句声明

（54）在过程定义中有以下语句。

```
Private Sub GetData(ByRef f As Integer)
```

其中 ByRef 的含义是________。

A. 传值调用　　B. 传址调用　　C. 形式参数　　D. 实际参数

（55）在 Access 中，DAO 的含义是________。

A. 开放数据库互连应用编程接口　　B. 数据库访问对象

C. Active 数据对象　　D. 数据库动态链接库

（56）下列不是分支结构的语句是________。

A. If... Then ... Endif　　B. While ... Wend

C. If ... Then Else... Endif　　D. Select...Case...End Select

（57）在窗体中使用一个文本框（名为 n）接受输入的值，有一个命令按钮 run，事件代码如下。

```
  Private Sub run_Click()
   result=""
   For i=1 To Me!n
     For j=1 To Me!n
       result=result+" *"
     Next j
result= result+chr(13)+chr(10)
   Next i
   MsgBox result
End Sub
```

打开窗体后，如果通过文本框输入的值为 4，单击命令按钮后输出的图形是________。

A.

```
* * * *
* * * *
* * * *
* * * *
```

B.

```
      *
    * * *
  * * * * *
* * * * * * *
```

C.

```
   * * * *
  * * * * * *
 * * * * * * * *
* * * * * * * * * *
```

D.

```
   * * * *
  * * * *
 * * * *
* * * *
```

(58) 条件"Not 工资额>2000"的含义是________。

A. 选择工资额大于 2000 的记录

B. 选择工资额小于 2000 的记录

C. 选择除了工资额大于 2000 之外的记录

D. 选择除了字段工资额之外的字段，且大于 2000 的记录

(59) VBA 程序流程控制的方式是________。

A. 顺序控制和分支控制　　B. 顺序控制和循环控制

C. 循环控制和分支控制　　D. 顺序、分支和循环控制

(60) 从字符串 s 中的第 2 个字符开始获得 4 个字符的子字符串函数是________。

A. Mid$(s,2,4)　　B. Left$(s,2,4)

C. Right$(s,4)　　D. Left$(s,4)

(61) 语句 Dim NewArray(10) As Integer 的含义是________。

A. 定义一个整型变量且初值为 10　　B. 定义由 10 个整数构成的数组

C. 定义由 11 个整数构成的数组　　D. 将数组的第 10 元素设置为整型

(62) 不属于 VBA 提供的程序运行错误处理的语句结构是________。

A. On Error Then 标号　　B. On Error Goto 标号

C. On Error Resume Next　　D. On Error Goto 0

(63) ADO 的含义是________。

A. 开放数据库互连应用编程接口　　B. 数据库访问对象

C. 动态链接库　　D. Active 数据对象

(64) 若要在子过程 Procl 调用后返回两个变量的结果，下列过程定义语句中有效的是________。

A. Sub Procl(n, m)　　B. Sub Procl(ByVal n, m)

C. Sub Procl(n, ByVal m)　　D. Sub Procl(ByVal n, ByVal m)

(65) 下列 4 种形式的循环设计中，循环次数最少的是________。

A.
```
a = 5 : b = 8
    Do
        a = a + 1
    Loop While a < b
```

B.
```
a = 5 : b = 8
    Do
        a = a + 1
    Loop Until a < b
```

C.
```
a = 5 : b = 8
    Do Until a < b
        b = b + 1
    Loop
```

D.
```
a = 5 : b = 8
    Do Until a > b
        a = a + 1
    Loop
```

(66) 在 VBA 中，实现窗体打开操作的命令是________。

A. DoCmd.OpenForm　　B. OpenForm

C. Do.OpenForm　　D. DoOpen.Form

（67）在 Access 中，如果变量定义在模块的过程内容，只有过程代码执行时才可见，则这种变量的作用域为________。

A. 程序范围　　B. 全局范围

C. 模块范围　　D. 局部范围

（68）表达式 Fix(-3.25)和 Fix(3.75)的结果分别是________。

A. -3，3　　B. -4，3　　C. -3，4　　D. -4，4

（69）在 VBA 中，错误的循环结构是________。

A. Do While 条件式
循环体
Loop

B. Do Until 条件式
循环体
Loop

C. Do Until
循环体
Loop 条件式

D. Do
循环体
Loop While 条件式

（70）在过程定义中有语句：

```
Private Sub GetData(ByVal data As Integer)
```

其中 ByVal 的含义是________。

A. 传值调用　　B. 传址调用　　C. 形式参数　　D. 实际参数

（71）要想在过程 proc 调用后返回形参 x 和 y 的变化结果，下列定义语句中，正确的是________。

A. Sub Proc(x as Integer, y as Integer)

B. Sub Proc(ByVal x as Integer, y as Integer)

C. Sub Proc(x as Integer,ByVal y as Integer)

D. Sub Proc(ByVal x as Integer, ByVal y as Integer)

（72）在 VBA 中，下列关于过程的描述，正确的是________。

A. 过程的定义可以嵌套，但过程的调用不能嵌套

B. 过程的定义不可以嵌套，但过程的调用可以嵌套

C. 过程的定义和过程的调用均可以嵌套

D. 过程的定义和过程的调用均不能嵌套

（73）能够实现从指定记录集中检索特定字段值的函数是________。

A. DCount　　B. DLookup　　C. DMax　　D. DSum

（74）下列 4 个选项中，不是 VBA 的条件函数的是________。

A. Choose　　B. If　　C. IIf　　D. Switch

（75）设有如下过程:

```
x = 1
Do
x=x+2
Loop Until _______
```

运行程序，要求循环体执行 3 次后结束循环，空白处应填入的语句是________。

A. x<=7　　B. x<7　　C. x>=7　　D. x>7

（76）通配任何单个字母的通配符是________。

A. #　　B. !　　C. ?　　D. []

（77）用于获得字符串 S 最左边 4 个字符的函数是________。

A. Left(S,4)　　B. Left(s,1,4)　　C. Leftstr(S,4)　　D. Leftstr(s,0,4)

（78）下列数组声明语句中，正确的是________。

A. Dim A[3,4] As Integer　　B. Dim A(3,4) As Integer

C. Dim A[3;4] As Integer　　D. Dim A(3;4) As Integer

（79）在调试 VBA 程序时，能自动被检查出来的错误是________。

A. 语法错误　　B. 逻辑错误

C. 运行错误　　D. 语法错误和逻辑错误

（80）如果 X 是一个正的实数，保留两位小数、将千分位四舍五入的表达式是________。

A. 0.01*Int(X+O.05)　　B. 0.01*Int(100*(X+0.005))

C. 0.01*Int(X+O.005)　　D. 0.01*Int(100*(x+0.05))

（81）在模块的声明部分使用“Option Base 1”语句，然后定义二维数组 A(2 to 5，5)，则该数组的元素个数为________。

A. 20　　B. 24　　C. 25　　D. 36

（82）由“For i=1 To 9 Step -3”决定的循环结构，其循环体将被执行________。

A. 0 次　　B. 1 次　　C. 4 次　　D. 5 次

（83）如果在文本框内输入数据后，按 Enter 键或按 Tab 键，输入焦点可立即移至下一指定文本框，应设置________。

A.“制表位”属性　　B.“Tab 键索引”属性

C.“自动 Tab 键”属性　　D.“Enter 键行为”属性

（84）要将一个数字字符串转换成对应的数值，应使用的函数是________。

A. Val　　B. Single　　C. Asc　　D. Space

（85）若变量 i 的初值为 8，则下列循环语句中，循环体的执行次数为________。

```
Do While I <= 17
  i= i + 2
loop
```

A. 3　　B. 4　　C. 5　　D. 6

（86）用来测试当前读写位置是否达到文件末尾的函数是________。

A. EOF　　B. FileLen　　C. Len　　D. LOF

（87）下列能够交换变量 X 和 Y 值的程序段是________。

A. Y=X:X=Y　　B. Z=X:Y=Z:X=Y

C. Z=X:X=Y:Y=Z　　D. Z=X:W=Y:Y=Z:X=Y

（88）下列表达式计算结果为日期类型的是________。

A. #2012-1-23# - #2011-2-3#　　B. year(#2011-2-3#)

C. DateValue("2011-2-3")　　D. Len("2011-2-3")

（89）下列表达式中，能正确表示条件“x 和 y 都是奇数”的是________。

A. x Mod 2=0 And y Mod 2=0　　B. x Mod 2=0 Or y Mod 2=0

C. x Mod 2=1 And y Mod 2=1　　D. x Mod 2=1 Or y Mod 2=1

（90）下列表达式中，能够保留变量 x 整数部分并进行四舍五入的是________。

A. Fix(x)　　B. Rnd(x)　　C. Round(x)　　D. Int(x)

（91）下列给出的选项中，非法的变量名是________。

A. Sum　　B. Integer_2　　C. Rem　　D. Form1

（92）表达式 B=INT(A+0.5)的功能是________。

A. 将变量 A 保留小数点后 1 位　　B. 将变量 A 四舍五入取整

C. 将变量 A 保留小数点后 5 位　　D. 舍去变量 A 的小数部分

（93）VBA 语句 Dim NewArray(10) as Integer 的含义是________。

A. 定义由 10 个整型数构成的数组 NewArray

B. 定义由 11 个整型数构成的数组 NewArray

C. 定义 1 个值为整型数的变量 NewArray(10)

D. 定义 1 个值为 10 的变量 NewArray

（94）运行下列程序段的结果是________。

```
For m=10 to 1 step 0
 k=k+3
Next m
```

A. 形成死循环　　B. 循环体不执行即结束循环

C. 出现语法错误　　D. 循环体执行一次后结束循环

（95）运行下列程序，结果是________。

```
Private Sub Command32_Click()
 f0=1:f1=1:k=1
 Do While k<=5
  f=f0+f1
  f0=f1
  f1=f
  k=k+1
 Loop
 MsgBox "f="&f
End Sub
```

A. f=5　　B. f=7　　C. f=8　　D. f=13

（96）有如下事件程序，运行该程序后输出结果是________。

```
Private Sub Command33_Click()
  Dim x As Integer,y As Integer
  x=1:y=0
  Do Until y<=25
    y=y+x*x
    x=x+1
  Loop
  MsgBox "x="&x&",y="&y
End Sub
```

A. x=1,y=0　　B. x=4,y=25　　C. x=5,y=30　　D. 输出其他结果

（97）下列程序的功能是计算 sum=1+(1+3)+(1+3+5)+…+(1+3+5+…+39)。

```
Private Sub Command34_Click()
  t=0
  m=1
sum=0
  Do
    t=t+m
sum=sum+t
    m=_______
```

```
  Loop While m<=39
  MsgBox "Sum="&sum
End Sub
```

为保证程序正确完成上述功能，空白处应填入的语句是________。

A. m+1　　B. m+2　　C. t+1　　D. t+2

（98）要将选课成绩表中学生的“成绩”取整，可以使用的函数是________。

A. Abs([成绩])　　B. Int([成绩])　　C. Sqr([成绩])　　D. Sgn([成绩])

（99）将一个数转换成相应字符串的函数是________。

A. Str　　B. String　　C. Asc　　D. Chr

（100）由 For i = 1 To 16 Step 3 决定的循环结构被执行________。

A. 4 次　　B. 5 次　　C. 6 次　　D. 7 次

（101）可以用 InputBox 函数产生“输入对话框”。执行语句：

```
st = InputBox("请输入字符串","字符串对话框","aaaa")
```

当用户输入字符串 bbbb，单击 OK 按钮后，变量 st 的内容是________。

A. aaaa　　B. 请输入字符串　　C. 字符串对话框　　D. bbbb

（102）下列不属于 VBA 函数的是________。

A. Choose　　B. If　　C. IIf　　D. Switch

（103）运行下列程序，显示的结果是________。

```
Private Sub Command34_Click()
  i = 0
  Do
     i = i + 1
  Loop While i < 10
  MsgBox i
End Sub
```

A. 0　　B. 1　　C. 10　　D. 11

（104）运行下列程序，在立即窗口显示的结果是________。

```
Private Sub Command0_Click()
   Dim I As Integer, J As Integer
   For I = 2 To 10
      For J = 2 To I/2
         If I mod J = 0 Then Exit For
      Next J
      If J >sqr(I) Then Debug.Print I;
    Next I
End Sub
```

A. 1 5 7 9　　B. 4 6 8　　C. 3 5 7 9　　D. 2 3 5 7

（105）下列关于 VBA 事件的叙述中，正确的是________。

A. 触发相同的事件可以执行不同的事件过程　　B. 每个对象的事件都是不相同的

C. 事件都是由用户操作触发的　　D. 事件可以由程序员定义

（106）下列不属于类模块对象基本特征的是________。

A. 事件　　B. 属性　　C. 方法　　D. 函数

（107）下列程序的功能是计算 $N=2+(2+4)+(2+4+6)+\cdots+(2+4+6+\cdots+40)$的值。

```
Private Sub Command34_Click( )
  t = 0
  m = 0
```

```
sum = 0
  Do
t = t+m
sum = sum + t
m =
  Loop while m < 41
  MsgBox "Sum = " & sum
End Sub
```

空白处应该填写的语句是________。

A. t+2　　B. t+1　　C. m+2　　D. m+1

（108）利用 ADO 访问数据库的步骤如下。

① 定义和创建 ADO 实例变量

② 设置连接参数并打开连接

③ 设置命令参数并执行命令

④ 设置查询参数并打开记录集

⑤ 操作记录集

⑥ 关闭、回收有关对象

这些步骤的执行顺序应该是________。

A. ①④③②⑤⑥　　B. ①③④②⑤⑥　　C. ①③④⑤②⑥　　D. ①②③④⑤⑥

（109）下列叙述中，正确的是________。

A. Sub 过程无返回值，不能定义返回值类型

B. Sub 过程有返回值，返回值类型只能是符号常量

C. Sub 过程有返回值，返回值类型可在调用过程时动态决定

D. Sub 过程有返回值，返回值类型可由定义时的 As 子句声明

2. 填空题

（1）窗体模块和报表模块都属于________。

（2）VBA 语言中，函数 InputBox 的功能是________。

（3）在 VBA 中字符串的类型标识符是________，整型的类型标识符是________，日期时间型的类型标识符是________。

（4）在 VBA 中，布尔型数据转换为其他类型数据时，false 转换为________，true 转换为________。

（5）以下程序段运行后，消息框的输出结果为________。

```
a=abs (3)
b=abs (-2)
c=a>b
msgbox  c+1
```

（6）用逻辑表达式表达出“X 和 Y 都是偶数”，则表达式为________。

（7）连接式“2*8”&”=”&”(2*8)的运算结果为________。

（8）在函数中每个形参必须有________。

（9）select case 结构运行时，首先计算________的值。

（10）重复结构分为当型和________循环。

（11）写出下列表达式的值。

(2+8*3)/2　　________

3^2+8　　　　　　________

#11/22/99#-　　　　________

"ZYX" & 123 & "ABC"　　________

（12）模块包含了一个________的声明区域和一个或多个________的子过程或函数过程。

（13）说明变量最常用的方法，是使用结构________。

（14）VBA 的错误处理主要使用语句结构________。

（15）VBE 的代码窗口顶部包含两个组合框，左侧为对象列表，右侧为________。

（16）VBA 中打开报表的命令语句是________。

（17）VBA 中变量作用域分为 3 个层次，这 3 个层次是局部变量、模块变量和________。

（18）VBA 的全称是________。

（19）变量的作用域就是变量在程序的________。

（20）VBA 中变量作用域分为 3 个层次，这 3 个层次是局部变量、模块变量和________。

（21）数据是一组有序的________的集合。

（22）内部函数是 VBA 系统为用户提供的________，用户可直接引用。

（23）VBA 语言中，函数 InputBox 的功能是________。

（24）VBA 标识符必须由________开头，后面可跟字母、汉字和下划线。在 VBA 中字符串的类型标识符是________，整型的类型标识符是________，日期时间型的类型标识符是________。

（25）分支结构是在程序执行时，根据________，选择执行不同的程序语句。

（26）如果某些语句或程序需要重复操作，使用________是最好的选择。

（27）模块包含了一个声明区域和一个或多个________。

（28）VBA 中打开报表的命令语句是________。

3. 简答题

（1）什么是模块？它有什么作用？

（2）设计一个用户登录窗体，输入用户名和密码，如用户名或密码为空，则给出提示，重新输入，如用户名（abc）或密码（123）不正确，则给出错误信息，结束程序运行，如用户和密码正确，则显示“欢迎”。

（3）用代码实现程序的功能：由输入的分数确定结论，分数是百分制，0~59 分的结论是“不及格”；60~79 分的结论是“及格”：80~89 分的结论是“良好”：90~100 的结论是“优秀”；分数小于 0 或大于 100 是“数据错误!”。

（4）什么是类模块？什么是标准模块？它们各有什么特点？

（5）什么是函数过程？什么是子过程？

（6）什么是事件过程？它有什么特点？

（7）VBA 程序包含几种流程控制？

（8）编写一个求解圆面积的函数过程 Area（ ）。

（9）变量类型对整个程序的运行速度有没有影响？在定义变量时应遵循哪些原则？

（10）在 VBA 中，选择结构有哪几种？循环结构呢？

（11）如何在窗体中调用模块的功能？

# 第9章 综合练习

**1. 单选题**

（1）将所有字符转换为小写的输入掩码是________。

A. >　　B. <　　C. !　　D. \

（2）通配任何多个字符的通配符是________。

A. #　　B. !　　C. *　　D. []

（3）下列选项叙述，不正确的是________。

A. 如果文本字段中已经有数据，那么减小字段大小不会丢失数据

B. 如果数字字段中包含小数，那么将字段大小设置为整数时，Access 自动将小数取整

C. 为字段设置默认属性时，必须与字段所设的数据类型相匹配

D. 可以使用 Access 的表达式来定义默认值

（4）下列对对象事件“更新前”描述正确的是________。

A. 当窗体或控件接受焦点时发生的事件

B. 在控件或记录用更改过的数据更新之后发生的事件

C. 在控件或记录用更改了的数据更新之前发生的事件

D. 当窗体或控件失去焦点时发生的事件

（5）下列控件不是 ActiveX 控件的是________。

A. 日历控件　　B. 选项卡控件　　C. CTreeView 控件　　D. 表头控制

（6）下列关于分组的数据库访问页描述错误的是________。

A. 数据库数据绑定的页连接到了数据库，因此这些页显示当前数据

B. 访问页是交互式的，用户可以筛选、排序并查看他们所需的数据

C. 访问页可以使用电子邮件进行电子分发

D. 在页上查看、添加、编辑或删除分组的数据

（7）要为一个数据库访问页提供字体、横线、背景图像以及其他元素的统一设计和颜色方案的集合，可以使用________。

A. 标签　　B. 背景　　C. 主题　　D. 滚动文字

（8）Access 数据库的核心与基础是________。

A. 表　　B. 宏　　C. 窗体　　D. 模块

（9）将 Access 数据库中的数据发布在 Internet 上可以通过________。

A. 查询　　B. 窗体　　C. 表　　D. 数据访问页

（10）下列关于备注数据类型的描述，正确的是________。

A. 在 Access 中默认字段大小为 50 个字符。

B. Access 可以对备注型字段进行排序或索引

C. 是字符和数字相结合，允许存储的内容最多可达 25 000 个字符

D. 是字符和数字相结合，允许存储的内容最多可达 64 000 个字符

（11）下列关于 OLE 对象的描述，错误的是________。

A. OLE 对象数据类型指字段允许单独地“链接”或“嵌入”OLE 对象

B. 可以链接或嵌入 Access 的 OLE 对象是指在其他使用 OLE 协议程序创建的对象

C. 用户在窗体或报表中必须使用“结合对象框”来显示 OLE 对象

D. OLE 对象字段最大可为 2GB，它受磁盘空间限制

（12）下列关于实体描述的说明，错误的是________。

A. 客观存在并且相互区别的事物称为实体，因此实际的事物都是实体，而抽象的事物不能作为实体

B. 描述实体的特性称为属性

C. 属性值的集合表示一个实体

D. 在 Access 中，使用“表”来存放同一类的实体

（13）以下数据定义语句中能在已有表中添加新字段或约束的是________。

A. CREATE TABLE　　B. ALTER TABLE

C. DROP　　D. CREATE INDEX

（14）下列描述正确的是________。

A. 数据库访问页是数据库的访问对象，它和其他的数据库对象的性质是不同的

B. Access 通过数据访问页只能发布静态数据

C. Access 通过数据访问页能发布数据库中保存的数据

D. 数据库访问页不可以通过 IE 浏览器打开

（15）“特殊效果”属性值用于设定控件的显示效果，下列不属于“特殊效果”属性值的是________。

A. 平面　　B. 凸起　　C. 蚀刻　　D. 透明

（16）已知数组 A 的定义语句为 Dim A(2 To 7,5,5) As Integer，则该数组元素的个数为________。

A. 144　　B. 180　　C. 216　　D. 不确定

（17）Access 中表和数据库的关系描述，正确的是________。

A. 一个表可以包含在多个数据库中　　B. 一个表只能包含两个数据库

C. 一个数据库可以包含多个表　　D. 一个数据库只能包含一个表

（18）Access 提供的数据类型中不包括________。

A. 备注　　B. 文字　　C. 货币　　D. 日期/时间

（19）确定一个控件在窗体或报表上的位置的属性是________。

A. Width 或 Height　　B. Width 和 Height

C. Top 或 Left　　D. Top 和 Left

（20）假定窗体的名称为 fmTest，则把窗体的标题设置为 Access Test 的语句是________。

A. Me = "Access Test"　　B. Me.Caption = "Access Test"

C. Me.text="Access Test"　　　　D. Me.Name = "Access Test"

（21）下面关于 Access 表的叙述中，错误的是________。

A. 在 Access 表中，可以对备注型字段设置“格式”属性

B. 删除表中含有自动编号型字段的一条记录后，Access 不会对表中自动编号型字段重新编号

C. 创建表之间的关系时，应关闭所有打开的表

D. 可在 Access 表的设计视图“说明”列中，对字段进行具体说明

（22）使用已建立的 tEmployee 表，表结构及表内容如下图所示。

| 字段名称 | 字段类型 | 字段大小 |
| --- | --- | --- |
| 雇员 ID | 文本 | 10 |
| 姓名 | 文本 | 10 |
| 性别 | 文本 | 1 |
| 出生日期 | 日期/时间 | |
| 职务 | 文本 | 14 |
| 简历 | 备注 | |
| 联系电话 | 文本 | 8 |

| 雇员 ID | 姓名 | 性别 | 出生日期 | 职务 | 简历 | 联系电话 |
| --- | --- | --- | --- | --- | --- | --- |
| 1 | 王宁 | 女 | 1960-1-1 | 经理 | 1984 年大学毕业，曾是销售员 | 35976450 |
| 2 | 李清 | 男 | 1962-7-1 | 职员 | 1986 年大学毕业，现为销售员 | 35976451 |
| 3 | 王创 | 男 | 1970-1-1 | 职员 | 1993 年专科毕业，现为销售员 | 35976452 |
| 4 | 郑炎 | 女 | 1978-6-1 | 职员 | 1999 年大学毕业，现为销售员 | 35976453 |
| 5 | 魏小红 | 女 | 1934-11-1 | 职员 | 1956 年专科毕业，现为管理员 | 35976454 |

在 tEmployee 表中，“姓名”字段的字段大小为 10，在此列输入数据时，最多可输入的汉字数和英文字符数分别是________。

A. 5　5　　B. 5　10　　C. 10　10　　D. 10　20

（23）使用已建立的 tEmployee 表，表结构及表内容如上图所示。

若要确保输入的联系电话值只能为 8 位数字，应将该字段的输入掩码设置为________。

A. 00000000　　B. 99999999　　C. ########　　D. ????????

（24）如下图所示，窗体的名称为 fmTest，窗体中有一个标签和一个命令按钮，名称分别为 Label1 和 bChange。

在“窗体视图”显示该窗体时，要求在单击命令按钮后，标签上显示的文字颜色变为红色，以下能实现该操作的语句是________。

A. label1.ForeColor = 255　　　　B. bChange.ForeColor = 255

C. label1.ForeColor = "255"　　　　D. bChange.ForeColor = "255"

（25）在 SQL 查询中使用 WHERE 子句指出的是________。

A. 查询目标　　B. 查询结果　　C. 查询视图　　D. 查询条件

（26）在 Access 数据库中建立了 tBook 表，若查找"图书编号"是"112266"和"113388"的记录，应在查询设计视图的条件行中输入________。

A. "112266" and "113388"　　　　B. not in("112266","113388")

C. in("112266","113388")　　　　D. not("112266" and "113388")

（27）在以下叙述中，正确的是________。

A. Access 只能使用系统菜单创建数据库应用系统

B. Access 不具备程序设计能力

C. Access 只具备模块化程序设计能力

D. Access 具有面向对象的程序设计能力，并能创建复杂的数据库应用系统

（28）在以下叙述中，错误的是________。

A. Access 能使用系统菜单创建数据库应用系统

B. Access 不具备程序设计能力

C. Access 具备模块化程序设计能力

D. Access 具有面向对象的程序设计能力，并能创建复杂的数据库应用系统

（29）关于表的组成内容，下面表述正确的是________。

A. 查询和字段　　B. 表记录和窗体

C. 表结构和表记录　　D. 报表和字段

（30）数据类型是________。

A. 字段的另一种说法

B. 决定字段能包含哪类数据的设置

C. 一类数据库应用程序

D. 一类用来描述 Access 表向导允许从中选择的字段名称

（31）加载一个窗体，先触发的事件是________。

A. Load 事件　　B. Open 事件　　C. Click 事件　　D. Ddclick 事件

（32）数据访问页可以简单地认为就是一个________。

A. 网页　　B. 数据库文件　　C. Word 文件　　D. 子表

（33）Access 的控件对象可以设置某个属性来控制对象是否可视（不可视时运行时看不到），需要设置的属性是________。

A. Default　　B. Cancel　　C. Enabled　　D. Visible

（34）如果想在已建立的 tSalary 表的数据表视图中直接显示出姓“李”的记录，应使用 Access 提供的________。

A. 筛选功能　　B. 排序功能　　C. 查询功能　　D. 报表功能

（35）Access 数据库中，用于解释和说明的文本显示控件是________。

A. 文本框　　B. 标签　　C. 复选框　　D. 组合框

（36）表示图片的最佳数据类型是________。

A. 文本类型　　B. 货币类型　　C. OLE 类型　　D. 自动编号类型

（37）以下是宏 m 的操作序列设计。

条件操作序列操作参数

| | MsgBox | 消息为“AA” |
|---|---|---|
| [tt]>1 | MsgBox | 消息为“BB” |
| … | MsgBox | 消息为“CC” |

现设置宏 m 为窗体 fTest 上名为 bTest 命令按钮的单击事件属性，打开窗体 fTest 运行后，在窗体上名为 tt 的文本框内输入数字 1，然后单击命令按钮 bTest，则________。

A. 屏幕会先后弹出三个消息框，显示消息“AA”“BB”“CC”

B. 屏幕会弹出一个消息框，显示消息“AA”

C. 屏幕会先后弹出两个消息框，显示消息“AA”“BB”

D. 屏幕会先后弹出两个消息框，显示消息“AA”“CC”

（38）下面关于列表框和组合框的叙述，正确的是________。

A. 列表框和组合框可以包含一列或几列数据

B. 可以在列表框中输入新值，而组合框不能

C. 可以在组合框中输入新值，而列表框不能

D. 在列表框和组合框中均可以输入新值

（39）在窗体中添加一个命令按钮（名称为 Command1），然后编写如下代码。

```
Private Sub Command1_Click()
  a=0:b=5:c=6
  MsgBox a=b+c
End Sub
```

窗体打开运行后，如果单击命令按钮，则消息框的输出结果为________。

A. 11　　B. a=11　　C. 0　　D. False

（40）在窗体中添加一个名称为 Command1 的命令按钮，然后编写如下事件代码。

```
Private Sub Command1_Click()
  Dim a(10,10)
  For m=2 To 4
    For n=4 To 5
a(m,n)=m*n
    Next n
  Next m
  MsgBox a(2,5)+a(3,4)+a(4,5)
 End Sub
```

窗体打开运行后，单击命令按钮，消息框的输出结果是________。

A. 22　　B. 32　　C. 42　　D. 52

（41）在窗体上添加一个命令按钮（名为 Command1）和一个文本框（名为 Text1），并在命令按钮中编写如下事件代码。

```
Private Sub Command1_Click()
  m=2.17
  n=Len(Str$(m)+Space(5))
  Me!Text1=n
End Sub
```

打开窗体运行后，单击命令按钮，在文本框中显示________。

A. 5　　B. 8　　C. 9　　D. 10

（42）在窗体中添加一个名称为 Command1 的命令按钮，然后编写如下事件代码。

```
Private Sub Command1_Click()
  s = "ABBACDDCBA"
  For I = 5 To 1 Step -2
    x = Mid(s, I, I)
    y = Left(s, I)
    z = Right(s, I)
    z = x & y & z
   Next I
   MsgBox z
  End Sub
```

窗体打开运行后，单击命令按钮，则消息框的输出结果是________。

A. AAA　　B. BBB　　C. BAB　　D. BBA

（43）在窗体中添加一个名称为 Command1 的命令按钮，然后编写如下程序。

```
Public x As Integer
Private Sub Command1_Click()
  x=10
  Call s1
  Call s2
  MsgBox x
End Sub
Private Sub s1()
   x=x+20
End sub
Private Sub s2()
  Dim x As Integer
  x=x+20
End Sub
```

窗体打开运行后，单击命令按钮，则消息框的输出结果是________。

A. 10　　B. 30　　C. 40　　D. 50

（44）在关系数据库中，能够唯一地识别一个记录的属性或属性的组合，称为________。

A. 关键字　　B. 属性　　C. 关系　　D. 域

（45）在窗体中有一个名为 Command1 的命令按钮，事件代码如下。

```
Private Sub Command1_Click()
  Dim m(10)
  For k=1 to 10
m(k)=11-k
  Next k
  x=6
  MsgBox m(2+m(x))
End Sub
```

打开窗体，单击命令按钮，消息框的输出结果是________。

A. 2　　B. 3　　C. 4　　D. 5

（46）要求主表中没有相关记录时就不能将记录添加到相关表中，则应该在参照完整性中设置________。

A. 级联插入相关字段　　B. 有效性规则

C. 级联删除相关字段　　D. 级联更新相关字段

（47）在下列数据库管理系统中，不属于关系型的是________。

A. Micorsoft Access　　B. SQL ServerHTML

C. OracleACCDB　　D. DBTG 系统

（48）在窗体中添加一个名称为 Command1 的命令按钮，然后编写如下事件代码。

```
 Private sub Command1_Click()
a=74
if a>60 Then
  k=1
ElseIf a>70 then
  k=2
ElseIf a>80 Then
  k=3
```

```
ElseIf a>90 Then
  k=4
EndIf
MsgBox k
  End Sub
```

窗体打开运行后，单击命令按钮，则消息框的输出结果是________。

A. 1　　B. 2　　C. 3　　D. 4

（49）设有如下窗体单击事件过程。

```
Private Sub Form_Click()
  a=1
  For i=1 To 3
     Select Case i
       Case 1,3
         a=a+1
       Case 2,4
          a=a+2
      End Select
  Next i
  MsgBox a
End Sub
```

打开窗体运行后，单击窗体，则消息框的输出的结果是________。

A. 3　　B. 4　　C. 5　　D. 6

（50）如下程序段定义了学生成绩的记录类型，由学号、姓名和三门课程成绩（百分制）组成。

```
Type Stud
no As Integer
name As String
score(1 to 3) As Single
End Type
```

若对某个学生的各个数据项进行赋值，下列程序段中正确的是________。

A.
```
Dim S As Stud
Stud.no=1001
Stud.name="舒宜"
Stud.score=78,88,96
```

B.
```
Dim S As Stud
S.no=1001
S.name="舒宜"
S.score=78,88,96
```

C.
```
Dim S As Stud
Stud.no=1001
Stud.name="舒宜"
Stud.score(1)=78
Stud.score(2)=88
Stud.score(3)=96
```

D.
```
Dim S As Stud
S.no=1001
S.name="舒宜"
S.score(1)=78
S.score(2)=88
S.score(3)=96
```

（51）下列叙述中正确的是________。

A. 为了建立一个关系，首先要构造数据的逻辑关系

B. 表示关系的二维表中各元组的每一个分量还可以分成若干数据项

C. 一个关系的属性名表称为关系模式

D. 一个关系可以包括多个二维表

（52）用二维表表示实体以及实体之间关系的数据模型是________。

A. 实体-联系模型　　B. 层次模型

C. 网状模型　　D. 关系模型

(53) 下列属于 Access 对象的是________。

A. 文件　　B. 数据　　C. 记录　　D. 查询

(54) 在 Access 数据库的表记录编辑状态下，不能进行的操作是________。

A. 修改字段类型　　B. 修改记录　　C. 增加记录　　D. 删除记录

(55) 在报表中，要计算“数学”字段的最高分，应将控件的“控件来源”属性设置为________。

A. =Max([数学])　　B. Max(数学)　　C. =Max[数学]　　D. =Max(数学)

(56) 如果在被调用的过程中改变了形参变量的值，但又不影响实参变量本身，这种参数传递方式称为________。

A. 按值传递　　B. 按地址传递　　C. ByRef 传递　　D. 按形参传递

(57) 宏操作 SetValue 可以设置________。

A. 窗体或报表控件的属性　　B. 刷新控件数据

C. 字段的值　　D. 当前系统的时间

(58) 在窗体中有一个标签 Lb1 和一个命令按钮 Command1，事件代码如下。

```
  Option Compare Database
  Dim a As String *10
  Private Sub Command1_Click()
     a="1234"
     b= len(a)
me.Lab1.caption=b
End Sub
```

打开窗体后单击命令按钮，窗体中显示的内容是________。

A. 4　　B. 5　　C. 10　　D. 40

(59) 基本表结构可以通过________，对其字段进行增加或删除操作。

A. insert　　B. alter table　　C. drop table　　D. delete

(60) 在下列关于宏和模块的叙述中，正确的是________。

A. 模块是能够被程序调用的函数

B. 通过定义宏可以选择或更新数据

C. 宏或模块都不能是窗体或报表上的事件代码

D. 宏可以是独立的数据库对象，可以提供独立的操作动作

(61) 在 Access 中，要处理具有复杂条件或循环结构的操作，应该使用的对象是________。

A. 窗体　　B. 模块　　C. 宏　　D. 报表

(62) 在窗体中有一个命令按钮 run35，对应的事件代码如下。

```
Private Sub run35_Enter( )
    Dim num As Integer
    Dim a As Integer
    Dim b As Integer
    Dim i As Integer
    For i= 1 To 10
       num = InputBox("请输入数据:", "输入",1)
       If Int(num/2) = num/2 Then
          a = a + 1
       Else
          b = b + 1
       End If
```

```
Next i
MsgBox("运行结果: a=" & Str(a) &",b=" & Str(b))
End Sub
```

运行以上事件完成的功能是________。

A. 对输入的 10 个数据求累加和

B. 对输入的 10 个数据求各自的余数，然后再进行累加

C. 对输入的 10 个数据分别统计有几个是整数，有几个是非整数

D. 对输入的 10 个数据分别统计有几个是奇数，有几个是偶数

（63）在显示查询结果时，如果要将数据表中的“籍贯”字段名显示为“出生地”，可在查询设计视图中改动________。

A. 排序　　B. 字段　　C. 条件　　D. 显示

（64）添加新记录时，自动添加到字段中的是________。

A. 默认值　　B. 有效性规则　　C. 有效性文本　　D. 索引

（65）假设有一组数据：工资为 800 元，职称为“讲师”，性别为“男”，在下列逻辑表达式中结果为“假”的是________。

A. 工资>800 AND 职称="助教" OR 职称="讲师"

B. 性别="女" OR NOT 职称="助教"

C. 工资=800 AND （职称="讲师" OR 性别="女"）

D. 工资>800 AND （职称="讲师" OR 性别="男"）

（66）在窗体上有一个命令按钮（名称为 run34），对应的事件代码如下。

```
Private Sub run34_Click()
sum = 0
    For i = 10 To 1 Step -2
sum = sum + i
    Next i
MsgBox  sum
  End Sub
```

运行以上事件，程序的输出结果是________。

A. 10　　B. 30　　C. 55　　D. 其他结果

（67）在窗体中有一个名称为 run35 的命令按钮，单击该按钮从键盘接收学生成绩，如果输入的成绩不在 0 到 100 分之间，则要求重新输入；如果输入的成绩正确，则进入后续程序处理。Run35 命令按钮的 Click 事件代码如下。

```
  Private Sub run34_Click()
    Dim flag As Boolean
result = 0
flag = True
    Do While flag
    result = Val(inputBox("请输入学生成绩:","输入"))
    If result>=0 And result<=100 Then
      ____
    Else
      MsgBox  "成绩输入错误，请重新输入"
    End If
   Loop
   Rem  成绩输入正确后的程序代码略
End Sub
```

程序的空白处需要填入一条语句使程序完成其功能。下列选项中错误的语句是________。

A. flag = False　　B. flag = Not flag　　C. flag = True　　D. Exit Do

（68）如果在创建表中建立需要存储 yes/no 的字段，其数据类型应当为________。

A. 数字类型　　B. 备注类型　　C. 是/否类型　　D. OLE 类型

（69）发生在控件接收焦点之前的事件是________。

A. Enter　　B. Exit　　C. GotFocus　　D. LostFocus

（70）在 VBA 中要打开名为“学生信息录入”的窗体，应使用的语句是________。

A. DocmD. OpenForm "学生信息录入"　　B. OpenForm "学生信息录入"

C. DoCmD. OpenWindow "学生信息录入"　　D. OpenWindow "学生信息录入"

（71）要显示当前过程中的所有变量及对象的取值，可以利用的调试窗口是________。

A. 监视窗口　　B. 调用堆栈　　C. 立即窗口　　D. 本地窗口

（72）在窗体中添加一个名称为 Command1 的命令按钮，然后编写如下事件代码。

```
Private sub Command1_Click()
  MsgBox f(24,18)
End Sub
Public Function f(m As Integer,n As Integer)As Integer
  Do While m<>n
    Do While m>n
      m = m-n
    Loop
    Do While m<n
      n = n-m
    Loop
  Loop
  f=m
End Function
```

窗体打开运行后，单击命令按钮，消息框的输出结果是________。

A. 2　　B. 4　　C. 6　　D. 8

（73）Access 数据库的结构层次是________。

A. 数据库管理系统→应用程序→表　　B. 数据库→数据表→记录→字段

C. 数据表→记录→数据项→数据　　D. 数据表→记录→字段

（74）在学生表中要查看所有学生的学号、姓名和班级，应采用的关系运算是________。

A. 选择　　B. 投影　　C. 联接　　D. 比较

（75）在窗体中添加一个名称为 Command1 的命令按钮，然后编写如下代码。

```
Private Sub Command1_Click()
A=75
If A>60 Then I=1
If A>70 Then I=2
If A>80 Then I=3
If A>90 Then I=4
MsgBox I
End Sub
```

窗体打开运行后，单击命令按钮，消息框的输出结果是________。

A. 1　　B. 2　　C. 3　　D. 4

（76）在 Access 中，可用于设计输入界面的对象是________。

A. 窗体　　B. 报表　　C. 查询　　D. 表

（77）下列选项中，不属于 Access 数据类型的是________。

A. 数字　　B. 文本　　C. 报表　　D. 时间/日期

（78）引入类、对象等概念的数据库是________。

A. 分布式数据库　　B. 面向对象数据库　　C. 多媒体数据库　　D. 数据仓库

（79）依次自动加 1 的数据类型是________。

A. 文本类型　　B. 货币类型　　C. 是/否类型　　D. 自动编号类型

（80）下列操作中，适宜使用宏的是________。

A. 修改数据表结构　　B. 创建自定义过程

C. 打开或关闭报表对象　　D. 处理报表中的错误

（81）窗体中有 3 个命令按钮，分别命名为 Command1、Command2 和 Command3。当单击 Command1 按钮时，Command2 按钮变为可用，Command3 按钮变为不可见。下列 Command1 的单击事件过程中，正确的是________。

A.
```
Private Sub Command1_Click()
  Command2.Visible = True
  Command3.Visible = False
End Sub
```

B.
```
Private Sub Command1_Click()
  Command2.Enabled = True
  Command3.Enabled = False
End Sub
```

C.
```
Private Sub Command1_Click()
  Command2.Enabled = True
  Command3.Visible = False
End Sub
```

D.
```
Private Sub Command1_Click()
  Command2.Visible = True
  Command3.Enabled = False
End Sub
```

（82）下列数据类型中，不属于 VBA 的是________。

A. 长整型　　B. 布尔型　　C. 变体型　　D. 指针型

（83）在窗体中有一个文本框 Text1，编写事件代码如下。

```
Private Sub Form_Click()
  X=val(Inputbox("输入 x 的值"))
  Y=1
  If X<>0 Then Y=2
    Text1.Value=Y
End Sub
```

打开窗体运行后，在输入框中输入整数 12，文本框 Text1 中输出的结果是________。

A. 1　　B. 2　　C. 3　　D. 4

（84）在窗体中有一个命令按钮 Command1 和一个文本框 Text1，编写事件代码如下。

```
Private Sub Command1_Click()
   For I=1 To 4
     x=3
     For j=1 To 3
       For k=1 To 2
         x=x+3
       Next k
     Next j
   Next I
   Text1.Value=Str(x)
End Sub
```

打开窗体运行后，单击命令按钮，文本框 Text1 输出的结果是________。

A. 6　　B. 12　　C. 18　　D. 21

（85）在窗体中有一个命令按钮 Command1，编写事件代码如下。

```
Private Sub Command1_Click()
End Sub
Public Function P(N As Integer)
   Dim Sum As Integer
   Sum=0
   For i=1 To N
    Dim s As Integer
   s=p(1)+p(2)+p(3)+p(4)
debug.print s
     Sum =Sum+i
   Next i
   P=Sum
End Function
```

打开窗体运行后，单击命令按钮，输出结果是________。

A. 15　　B. 20　　C. 25　　D. 35

（86）根据关系模型 Students(学号,姓名,性别,专业)，下列 SQL 语句中有错误的是________。

A. SELECT * FROM Students WHERE 专业="计算机"

B. SELECT * FROM Students WHERE 1 <> 1

C. SELECT * FROM Students WHERE "姓名"=李明

D. SELECT * FROM Students WHERE 专业="计算机"&"科学"

（87）下列关于关系数据库中数据表的描述，正确的是________。

A. 数据表相互之间存在联系，但用独立的文件名保存

B. 数据表相互之间存在联系，是用表名表示相互间的联系

C. 数据表相互之间不存在联系，完全独立

D. 数据表既相对独立，又相互联系

（88）能够使用"输入掩码向导"创建输入掩码的字段类型是________。

A. 数字和日期/时间　　B. 文本和货币

C. 文本和日期/时间　　D. 数字和文本

（89）使用 VBA 的逻辑值进行算术运算时，True 值被处理为________。

A. -1　　B. 0　　C. 1　　D. 任意值

（90）VBA 中定义符号常量可以用关键字________。

A. Const　　B. Dim　　C. Public　　D. Static

（91）下列属于通知或警告用户的命令是________。

A. PrintOut　　B. OutputTo　　C. MsgBox　　D. RunWarnings

（92）如果设置报表上某个文件框的控件来源属性为"=2*3+1"，则打开报表视图时，该文本框显示信息是________。

A. 未绑定　　B. 7　　C. 2*3+1　　D. 出错

（93）在窗体上有一个命令按钮 Command1 和一个文本框 Text1，编写事件代码如下。

```
Privabe Sub Command1_Click()
  Dim i,j,x
  For i = 1 To 20 step 2
     x = 0
     For j = i To 20 step 3
```

```
      x=x+1
    Next j
  Next i
  Text1.Value = Str(x)
End Sub
```

打开窗体运行后，单击命令按钮，文本框中显示的结果是________。

A. 1　　B. 7　　C. 17　　D. 400

(94) 在窗体上有一个命令按钮 Command1，编写事件代码如下。

```
Private Sub Command1_Click()
  Dim y As Integer
  y = 0
  Do
     y = InputBox("y=")
     If(y Mod 10) +Int(y/10) =10 Then Debug.Print y;
  Loop Until y=0
End Sub
```

打开窗体运行后，单击命令按钮，依次输入 10，37，50，55，64，20，28，19，-19，0，立即窗口上输出的结果是________。

A. 37 55 64 28 19 19　　B. 10 50 20

C. 10 50 20 0　　D. 37 55 64 28 19

(95) 在窗体上有一个命令按钮 Command1，编写事件代码如下。

```
Private Sub Command1_Click()
  Dim x As Integer, Y As Integer
  x=12:y=32
  Call Proc(x,y)
  Debug.Print x; y
End Sub
Public Sub Proc(n As Integer, ByVal m As Integer)
  n = n Mod 10
  m = m Mod 10
End Sub
```

打开窗体运行后，单击命令按钮，立即窗口上输出的结果是________。

A. 2　32　　B. 12　3　　C. 2　2　　D. 12　32

(96) 在窗体上有一个命令按钮 Command1，编写事件代码如下。

```
Private Sub Command1_Click()
  Dim d1 As Date
  Dim d2 As Date
  d1 = #12/25/2009#
  d2 = #1/5/2010#
  MsgBox DateDiff("ww",d1,d2)
End Sub
```

打开窗体运行后，单击命令按钮，消息框中输出的结果是________。

A. 1　　B. 2　　C. 10　　D. 11

(97) 下列程序段的功能是实现学生表中年龄字段值加 1。

```
Dim Str As String
Str="_______"
DocmD. RunSQL Str
```

空白处应填入的程序代码是________。

A. 年龄=年龄+1　　B. Update 学生 Set 年龄=年龄+1

C. Set 年龄=年龄+1　　D. Edit 学生 Set 年龄=年龄+1

（98）下列表达式计算结果为数值类型的是________。

A. #5/5/2010#-#5/1/2010#　　B. "102">"11"

C. 102=98+4　　D. #5/1/2010#+5

（99）如果要从列表中选择所需的值，而不想浏览数据表或窗体中的所有记录，或者要一次指定多个条件，即筛选条件，可使用________方法。

A. 按选定内容筛选　　B. 内容排除筛选

C. 按窗体筛选　　D. 高级筛选/排序

（100）窗体中有命令按钮 Commandl，事件过程如下。

```
Public Function f(x As Integer) As Integer
    Dim y As Integer
    x = 20
    y = 2
    f = x*y
End Function
Private Sub Command1_Click()
Dim y As Integer
Static x As Integer
   x = 10
   y = 5
    y = f(x)
Debug.Print  x;y
End Sub
```

运行程序，单击命令按钮，立即窗口中显示的内容是________。

A. 10　5　　B. 10　40　　C. 20　5　　D. 20　40

（101）运行下列程序，输入数据 8，9，3，0 后，窗体中显示的结果是________。

```
Private  Sub Form_Click
Dim  sum As Integer,m As Integer
     Sum = 0
     Do
         m = InputBox("输入m")
sum=sum+m
     Loop Until m = 0
   MsgBox sum
End Sub
```

A. 0　　B. 17　　C. 20　　D. 21

（102）下列可以建立索引的数据类型是________。

A. 文本　　B. 超链接　　C. 备注　　D. OLE 对象

**2. 填空题**

（1）数据库系统的核心是________。

（2）在关系模型中，把数据看成是二维表，每一个二维表称为一个________。

（3）在向数据表中输入数据时，若要求输入的字符必须是字母，则应该设置的输入掩码是________。

（4）VBA 的自动运行宏，必须命名为________。

（5）定义________有利于数据库中宏对象的管理。

# 习题参考答案

本书仅提供单选题和填空题的答案，以及编程题的参考程序，简答题答案请参考教材或咨询教师。

## 第 1 章 数据库系统概述

1. 单选题

(1) A　(2) C　(3) C　(4) C　(5) C
(6) A　(7) A　(8) A　(9) B　(10) D
(11) C　(12) A　(13) A　(14) D　(15) D
(16) B　(17) D　(18) C　(19) C　(20) B
(21) C　(22) B　(23) B　(24) D　(25) D
(26) A　(27) C　(28) A　(29) D　(30) B
(31) B　(32) A　(33) B　(34) B　(35) A
(36) B　(37) B　(38) D　(39) A　(40) B
(41) B　(42) C　(43) A　(44) C　(45) D
(46) A　(47) D　(48) B　(49) A　(50) C

2. 填空题

(1) 记录、载 体
(2) 数据
(3) 形式
(4) 数据库系统
(5) 数据集合
(6) 层状模型、网状模型、关系模型、面向对象模型
(7) 数据描述语（DDL)、数据操纵语言（DML)、数据库管理例行程序
(8) 硬件、软件、数据库、人员
(9) 外模式、模式、内模式
(10) 现实世界、信息世界、计算机世界
(11) 数据库管理系统
(12) 实体集
(13) 实体-联系模型（E-R 模型）
(14) 实体完整性

（15）关系规范化
（16）建立一个新的关系
（17）外键
（18）关系模型
（19）关系数据库管理系统
（20）关系
（21）关系
（22）记录
（23）元组
（24）关系
（25）表、记录、字段
（26）相同的字段
（27）连接、投影 、选择

**3. 简答题**

略。

# 第 2 章　Access 2010 基础

1. 单选题

(1) B　(2) D　(3) A　(4) D　(5) C
(6) A　(7) C　(8) A　(9) B　(10) D
(11) D　(12) A　(13) B　(14) D　(15) D
(16) A　(17) D　(18) C　(19) D　(20) C

2. 填空题

(1) 文件
(2) accdb
(3) 不含任何数据库对象
(4) 表
(5) 窗体
(6) 独占

3. 简答题

略。

# 第3章 表

1. 单选题

| | | | | |
|---|---|---|---|---|
| (1) B | (2) C | (3) C | (4) D | (5) C |
| (6) B | (7) B | (8) D | (9) C | (10) A |
| (11) D | (12) D | (13) C | (14) D | (15) C |
| (16) D | (17) D | (18) A | (19) C | (20) A |
| (21) B | (22) A | (23) B | (24) B | (25) D |
| (26) D | (27) C | (28) B | (29) A | (30) C |
| (31) C | (32) C | (33) B | (34) A | (35) D |
| (36) A | (37) C | (38) D | (39) D | (40) D |
| (41) A | (42) C | (43) C | (44) A | (45) C |
| (46) D | (47) B | (48) B | (49) A | (50) C |
| (51) C | (52) B | (53) D | (54) D | (55) A |
| (56) C | (57) C | (58) C | (59) C | (60) A |
| (61) D | (62) C | (63) C | (64) B | (65) D |
| (66) A | (67) A | (68) C | (69) D | (70) B |
| (71) A | (72) D | (73) D | (74) B | (75) B |
| (76) A | | | | |

2. 填空题

(1) 表的结构，表的记录（或表的内容）

(2) 货币型

(3) 字段名称

(4) 000000000

(5) 数据类型

(6) 设计视图，数据表视图

(7) 冻结，隐藏

(8) 119，125，141，85，98

3. 简答题

略。

# 第 4 章　查询与 SQL

## 1. 单选题

| | | | | |
|---|---|---|---|---|
| (1) B | (2) C | (3) B | (4) D | (5) B |
| (6) A | (7) A | (8) D | (9) C | (10) C |
| (11) B | (12) C | (13) D | (14) C | (15) D |
| (16) D | (17) B | (18) A | (19) C | (20) A |
| (21) B | (22) B | (23) B | (24) B | (25) D |
| (26) D | (27) C | (28) C | (29) B | (30) C |
| (31) B | (32) D | (33) B | (34) C | (35) A |
| (36) A | (37) C | (38) A | (39) A | (40) D |
| (41) C | (42) A | (43) A | (44) C | (45) D |
| (46) C | (47) A | (48) B | (49) D | (50) A |
| (51) C | (52) C | (53) B | (54) C | (55) A |
| (56) C | (57) B | (58) B | (59) C | (60) A |
| (61) A | (62) D | (63) C | (64) C | (65) A |
| (66) D | (67) D | (68) D | (69) B | (70) B |
| (71) D | (72) D | (73) A | (74) D | (75) D |
| (76) B | (77) B | (78) D | (79) B | (80) C |
| (81) A | (82) D | (83) C | (84) C | (85) C |
| (86) A | (87) D | (88) C | (89) B | (90) B |
| (91) C | (92) C | | | |

## 2. 填空题

(1) 二维表

(2) 更新查询

(3) SQL 视图

(4) 参数查询、操作查询

(5) 找出职员表中姓李的职员的名字和年龄

(6) 设计网络

(7) GroupBy

(8) Like "5*"

(9) 参数查询

(10) Year ( [雇员]![出生日期])>1955

(11) 列标题，行标题

(12) [成绩] Between 75 and 85 或 [成绩]>=75 and [成绩]<=85

(13) 排序

## 3. 简答题

略。

# 第5章 窗 体

1. 单选题

| | | | | |
|---|---|---|---|---|
| （1）C | （2）D | （3）B | （4）D | （5）C |
| （6）B | （7）A | （8）C | （9）D | （10）B |
| （11）A | （12）C | （13）A | （14）C | （15）A |
| （16）D | （17）C | （18）D | （19）B | （20）B |
| （21）C | （22）B | （23）A | （24）B | （25）A |
| （26）B | （27）D | （28）C | （29）B | （30）B |
| （31）C | （32）A | （33）D | （34）B | （35）A |
| （36）D | （37）D | （38）B | （39）C | （40）B |
| （41）B | （42）A | （43）D | （44）D | （45）B |
| （46）D | （47）C | （48）D | （49）D | （50）A |
| （51）D | （52）A | （53）A | （54）D | （55）C |
| （56）B | （57）C | （58）C | （59）C | |

2. 填空题

（1）表达式

（2）纵览式、表格式、数据表

（3）窗体页眉、主体、窗体页脚

（4）格式 、数据 、事件 、其他

（5）Ctrl+A

（6）数据表

（7）节

（8）上方

（9） 数据

（10）窗体视图 、数据表视图

（11）查询设计视图

（12）1 条

（13）命令按钮

（14）子窗体

（15）子窗体

（16）关联

（17）容器 和 控件

（18）识别响应

（19）数据表窗体、关联

（20）组合框、列表框

3. 简答题

略。

# 第6章　报　表

1. 单选题

| | | | | |
|---|---|---|---|---|
| (1) B | (2) D | (3) B | (4) A | (5) D |
| (6) B | (7) B | (8) D | (9) A | (10) B |
| (11) A | (12) C | (13) D | (14) D | (15) B |
| (16) A | (17) A | (18) B | (19) B | (20) C |
| (21) A | (22) D | (23) C | (24) C | (25) B |
| (26) B | (27) B | (28) C | (29) B | (30) B |
| (31) D | (32) D | (33) A | (34) D | (35) D |
| (36) B | (37) B | (38) A | (39) D | (40) A |
| (41) C | (42) B | (43) B | (44) C | (45) C |
| (46) B | (47) D | (48) B | (49) B | (50) A |
| (51) A | (52) C | | | |

2. 填空题

(1) 分组页脚、报表页脚
(2) 分页符
(3) 页面视图、预览
(4) 主体、分组
(5) 报表页眉、页面页眉、主体、页面页脚、报表页脚、分组页眉、分组页脚、4
(6) 报表
(7) 打印预览
(8) 先后
(9) 组页眉/组页脚节区内、报表页眉/报表页脚节区内、内置统计函数
(10) 设计视图
(11) 表格式
(12) 表间关系
(13) 分组
(14) 窗体报表
(15) 标签报表
(16) 第一页顶部
(17) 短虚线

3. 简答题

略。

# 第 7 章 宏

1. 单选题

| | | | | |
|---|---|---|---|---|
| (1) A | (2) D | (3) B | (4) A | (5) A |
| (6) A | (7) D | (8) D | (9) D | (10) D |
| (11) C | (12) B | (13) D | (14) A | (15) D |
| (16) C | (17) A | (18) B | (19) A | (20) B |
| (21) D | (22) C | (23) B | (24) D | (25) B |
| (26) D | (27) D | (28) A | (29) D | (30) D |
| (31) C | (32) D | (33) C | (34) B | (35) A |
| (36) B | (37) B | (38) A | (39) A | (40) D |
| (41) A | (42) C | (43) A | (44) B | (45) B |
| (46) C | (47) A | (48) B | (49) A | (50) D |
| (51) C | (52) B | (53) A | (54) D | (55) C |
| (56) B | (57) C | | | |

2. 填空题

(1) 操作、操作
(2) 条件宏
(3) 宏命令的排列顺序
(4) 真、假
(5) 使操作自动进行
(6) 相关参数
(7) 宏组
(8) 条件表达式
(9) 事件属性值
(10) 另存为模块的方式
(11) 命令按钮
(12) 单步执行宏操作
(13) 不同宏名
(14) openform
(15) …
(16) 第一个宏
(17) 宏组名.宏名
(18) Form!报表名!控件名
(19) 宏
(20) 操作、注释、宏名、条件
(21) autoexeC. shift
(22) opentable、openquery、openreport

（23）触发、事件、宏

（24）msgbox

（25）管理

（26）docmd .openquery　"查询 1"

（27）RunSQL

（28）单步

（29）事件过程

**3. 简答题**

略。

# 第 8 章　VBA 编程基础

1. 单选题

| | | | | |
|---|---|---|---|---|
| (1) B | (2) D | (3) A | (4) D | (5) C |
| (6) D | (7) D | (8) C | (9) B | (10) B |
| (11) D | (12) A | (13) D | (14) D | (15) A |
| (16) B | (17) B | (18) D | (19) A | (20) B |
| (21) D | (22) B | (23) A | (24) B | (25) B |
| (26) A | (27) B | (28) C | (29) C | (30) B |
| (31) C | (32) B | (33) A | (34) A | (35) A |
| (36) B | (37) C | (38) A | (39) C | (40) B |
| (41) D | (42) A | (43) A | (44) D | (45) C |
| (46) C | (47) A | (48) D | (49) A | (50) B |
| (51) C | (52) C | (53) C | (54) B | (55) B |
| (56) B | (57) A | (58) C | (59) D | (60) A |
| (61) C | (62) A | (63) D | (64) A | (65) C |
| (66) A | (67) D | (68) A | (69) C | (70) A |
| (71) A | (72) B | (73) B | (74) B | (75) C |
| (76) C | (77) A | (78) B | (79) A | (80) B |
| (81) A | (82) A | (83) B | (84) A | (85) C |
| (86) A | (87) C | (88) C | (89) C | (90) C |
| (91) C | (92) B | (93) B | (94) B | (95) D |
| (96) A | (97) B | (98) B | (99) A | (100) B |
| (101) D | (102) B | (103) C | (104) D | (105) D |
| (106) D | (107) C | (108) D | (109) A | |

2. 填空题

(1) 类模块

(2) 输入数据对话框

(3) string、integer、date

(4) 0、-1

(5) 0

(6) X MOD 2=0 AND Y MOD 2=0

(7) 2*8=16

(8) 数据类型

(9) case 后表达式的值

(10) 直到型

(11) 13、17、#11/22/99#、ZYX123ABC

(12) 以(sub)开头、以(function)开头

(13) dim…as

(14) on error

(15) 过程列表

(16) docmD. openquery

(17) 全局变量

(18) Visual Basic for Application

(19) 有效使用范围

(20) 全局变量

(21) 基本类型变量

(22) 标准过程

(23) 显示一个接受用户输入的对话框

(24) 字母或汉字、string、integer、date

(25) 条件

(26) 循环或过程

(27) 子程序过程或函数过程

(28) Docmd . OpenReport

**3. 简答题**

(2) 答案：在代码窗口中输入如下代码.

```
private sub ok_click()
if len(nz(me!user name))=0 and  len(nz(me!user password))=0 then
msgbox "用户名,密码为空,请重新输入",vbcritical,"error"
me!user name..set focus
else if len(nz(me!user name))=0 then
msgbox "用户名为空,请重新输入",vbcritical,"error"
me!user name .ser focus
else if len(nz(me!user password))=0 then
msgbox "密码为空,请重新输入",vbcritical,"error"
me!user passworD. set focus
else
   if me!user name="abc" then
if  me! User password="123" then
   msgbox "欢迎",vbinformation,"正确"
else
  msgbox "密码不正确, 非正常退出! ",vbcritical,"error"
  docmD. close
end if
else
  msgbox "用户名不正确,非正常退出!",vbcritical,"error"
  docmD. close
end if
end if
end sub
```

(3) 答案：在代码窗口中输入如下代码。

```
  Option Explicit
    Private Function jl(By Val score%)As String
```

```
Select Case Score
Case  0 to 59
jl="不及格"
Case  60 to 79
jl="及格"
Case 80 to 89
jl="良好"
Case 90 to 100
jl="优秀"
Case else
jl="数据错误！"
End Select
End Function
Private Sub Form-Click()
Dim sl As Integer
sl=InputBox("请输入成绩：")
print jl(sl)
 End Sub
```

（8）答案：在代码窗口中输入如下代码。

```
public function Area( R as single) as single
if  R<=0 then
msgbox "圆的半径必须是正数值！",vbcritical,"警告"
area=0
exit function
end if
area=3.14*R*R
end function
```

其余略。

# 第 9 章 综合练习

1. 单选题

| | | | | |
|---|---|---|---|---|
| (1) B | (2) C | (3) A | (4) C | (5) B |
| (6) D | (7) C | (8) A | (9) D | (10) D |
| (11) D | (12) A | (13) B | (14) C | (15) D |
| (16) C | (17) C | (18) B | (19) D | (20) B |
| (21) C | (22) C | (23) A | (24) A | (25) D |
| (26) C | (27) D | (28) B | (29) C | (30) B |
| (31) B | (32) A | (33) D | (34) A | (35) B |
| (36) C | (37) B | (38) C | (39) D | (40) C |
| (41) D | (42) A | (43) B | (44) A | (45) C |
| (46) A | (47) D | (48) A | (49) C | (50) D |
| (51) C | (52) D | (53) D | (54) A | (55) A |
| (56) A | (57) A | (58) C | (59) B | (60) D |
| (61) B | (62) D | (63) B | (64) A | (65) D |
| (66) B | (67) C | (68) C | (69) A | (70) A |
| (71) D | (72) C | (73) B | (74) B | (75) B |
| (76) A | (77) C | (78) B | (79) D | (80) C |
| (81) C | (82) D | (83) B | (84) D | (85) B |
| (86) C | (87) D | (88) C | (89) A | (90) A |
| (91) C | (92) B | (93) A | (94) D | (95) A |
| (96) B | (97) B | (98) A | (99) C | (100) D |
| (101) C | (102) A | | | |

2. 填空题

(1) 数据库管理系统

(2) 关系

(3) L

(4) AutoExec

(5) 宏组

# 参考文献

[1] 廖瑞华，李勇帆. Access 数据库程序设计上机指导与测试[M].北京：人民邮电出版社，2014.

[2] 李湛.Access 2010 数据库应用习题与实验指导教程[M].北京：清华大学出版社，2013.

[3] 教育部考试中心.全国计算机等级考试二级教程：Access 数据库程序设计[M].北京：高等教育出版社，2013.

[4] 熊小兵，周炫.Access 2013 数据库实训教程[M].北京：电子工业出版社，2016.